監修／為田裕行
絵／間芝勇輔
文／こざきゆう

はじめに

　ぼくは小学生の時、算数の勉強がすごく好きでした。最初はものを数えるのが楽しくて、だんだんいろんな計算ができるようになるのも楽しくて、数や形や計算のいろいろなしくみを知っていくのも楽しかったです。ぼくが算数を好きになったのは、楽しかったからだと思います。「楽しい」と思うことは、何かを好きになるのにとても大事なことだと思います。
　何かを「楽しい」と思うのには、いろいろなきっかけがあると思うのですが、そのなかのひとつが「びっくりすること」だと思います。「え！」

「そうなの!?」「それ、ほんと!?」と思えるようなことにたくさん出会えると、毎日が楽しくなります。

この本、『算数びっくり事典』を読んでいくと、算数についての「びっくりすること」にたくさん出会えます。たくさんの「え！」「そうなの!?」「それ、ほんと!?」ということに出会ってください。ふつうに毎日生きているだけだったら、ぜったいに気づかないこと、考えたこともないことがたくさん書いてあります。

びっくりすることに出会うと、学校の授業で見る数字も、教科書で見る数字も、少しちがうふうに見えて、算数を前より好きになっちゃうんじゃないかなと思います。

為田裕行

もくじ

2章 なるほどな算数

3章　不思議な算数 …… 87

4章　挑戦！　算数クイズ

0章 算数のはじまりの話

Chapter

いつも使っている
「数字」や「＋」「－」は、
どうやってできたんだろう？

数字がない時代、手近なものに置きかえて数えた

ものの数を数えるときは、リンゴが1、2、3……ってなぐあいに、数字を使うよね。それは数字を知っているからこそ、だ。

でも、数字は人類誕生と同時にあったわけじゃない。あとから発明されたものだ。

それなら数字ができる前は、人類は数を数えられなかった……なんてことはない。数の代わりに、手近なものに置きかえて数えていたんだ。

たとえば、体の一部に置きかえて数える。指や手首などで数を表した。ただ、これだと体の部分の数に限界があるよね。

そこで数えたいものと、ほかのものをひとつずつ対応させる方法ができた。5つの数を表すなら、5つの小石で数えればいいというわけ。

これなら、100でも1000でも数えられる……小石を1000も数えるのはしんどいけどね。数えまちがいもしそうだし。

また、南アメリカにあったインカという国には、文字や数字がなかった。そこで、なわに結び目を作り、その数で数えた。結び目がひとつなら1、ふたつなら2だ。しかも結ぶ位置によって1の位、10の位など位取りをつけていたよ。

ものを数を表すために、いろんな工夫が考えられていたんだね。

体の一部を使ったり

小石など
ほかのものを使ったり

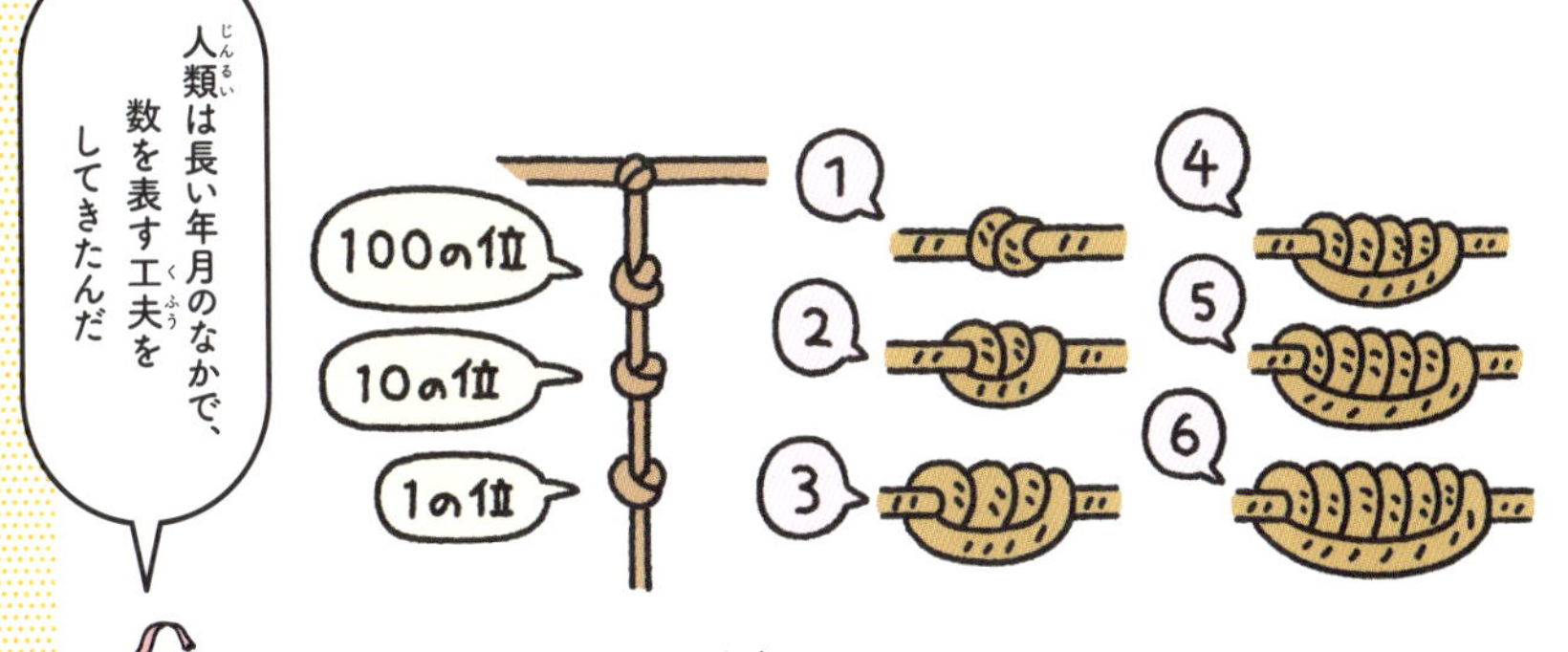

なわの結び目で数えたり…

数字が発明されたのは約6000年前！

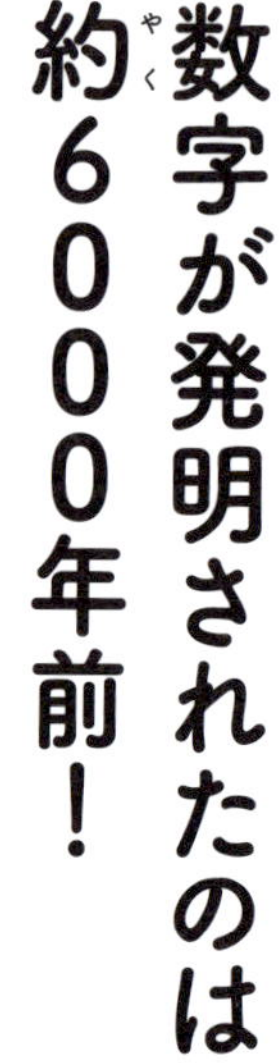

くさび形文字の数字

1 3 4 5

10 12 20 50

エジプトの象形文字の数字

1 3 4 5

10 30 90 100

くさび形文字はねんど板に、先のとがった棒をおしつけて刻んだよ

数を手近なもので表したものの、数を記録したり、たくさんの数を人に伝えたりするには不便だ。

そこで、考えだされたのが数字だ。もっとも古いとされるのは、約6000年前のメソポタミア地方(中東)のシュメール人が発明した、くさび(釘)のような形の「くさび形文字」。2種類の文字の組み合わせで数字を表した。

また、エジプトでも5000年ほど前から数字を使っていた。「象形文字」といって、ものの形をかたどっている。1の位は棒の本数で表し、10の位はかごの取っ手、100の位は巻いたロープの形をしている。

アラビア数字ができて計算しやすくなった

アラビア数字とは、1、2……9の、おなじみの数字。2000年ほど前に、インドで誕生した。これはヨーロッパに伝わり、やがて世界に広まった。なぜなら、とても計算しやすい数字だったからだ。

すでに、くさび形文字や象形文字などいろんな文字の数字があったけど、それらはじつは計算しにくい。

上のアラビア数字と象形文字を使った式を比べてみて。象形文字は1の位、10の位、100の位を別の文字で表さなければならず、位の位置がずれてしまう。その点、アラビア数字は数字の並ぶ位置で位を表せるから計算しやすいのだ。

「0」という数字は歴史上の大発明だった！

13ページで見たアラビア数字には、歴史的にすばらしい大発明があった。それが「0」だ。
何気なく使っている0のどこがすばらしいかといえば、〝無い〟ことを表せるようになったところ。
リンゴが1個以上ならそれぞれ数で表せていたけど、これがなくなった場合も0を使うことで、何も無いことを表せるようになったんだ。これを「無の0」という。
また、「105」を表したいとき、0がないと「1　5」になってしまう。これでは、15なのか105なのかとてもわかりにくいよね。0があることで、10の位には数がないこと

を、見た目にもわかりやすく表せるのだ。これを「空位の0」というよ。

さらに、空位の0によって、1～9と0で、「90」や「14000」「36809653」など、どんなに大きな数でも表せるようになった。

いや、大きい数だけじゃない。0をプラスとマイナスの境界とすることで、0よりも小さな数を表すことまでできるようになったんだ。ほら、温度計も0度以下の温度が測れるよね。これを「基準の0」というんだ。

0がいつ発明されたのかは、はっきりしていない。ただ、1300～1400年ほど前に使い方が決められていったようなんだ。

船乗りが計算を素早く行うために「＋」「－」の記号ができた

「演算記号」って知ってる？　なんだか難しそうな名前だけど、これ、たし算の「＋」、ひき算の「－」など計算に使う記号のこと。

　これらの記号は、最初から計算するときにあったものじゃない。だんだんと使われるようになったんだ。

　そのきっかけは、1400年代のヨーロッパでのこと。当時は大航海時代と呼ばれ、船で世界各地を行き交うようになっていた。

　航海では安全な船の運行のために、天体を観測したり、風向きを調べたりして、そのデータを元に、複雑な計算をして航路を決めていた。船乗りはこの計算を素早く行うために、

演算記号を使って省略できるようにしたという。

また、航海中は飲み水が貴重（海水は飲めないからね）。そこで、たるに入れた飲み水が減った分の目印に横線をつけていた。逆に港などで飲み水をたしたときは、横線に縦線を引いて印を打ち消した。これが「ー」「＋」の始まりという説もある。

ほかにも、かけ算の「×」はスコットランドの「聖アンドリューの十字」という旗のデザインから取ったとか、わり算の「÷」は分数の分母と分子の数を「・」で表したものが元になった、などといわれている。

#「=」の記号は最初、ものすごく長かった

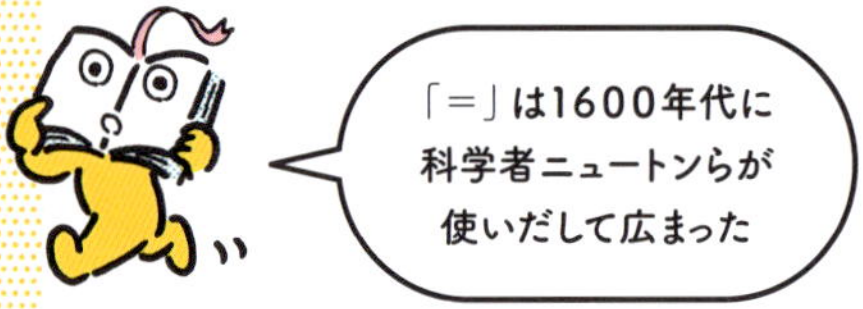

計算式で、2+3=5のように、式の左側と右側の数が等しい、ということを表す記号の「=」。

この記号ができる以前は、ラテン語のaequalcsやその略語のaeqなど「等しい」という意味の言葉を書いていた。でも、めんどうだね。

そこで1557年、イギリスの数学者ロバート・レコードが、著書の中で「=」を初めて使ったんだ。

これは、2本の平行線を表している。平行線はどこまで伸ばしても重ならず等しいということを示すために、めちゃ長く書いていたんだけど、だんだんと線は短くなり、今のような形になったんだ。

1章

びっくりな算数

Chapter

紙を42回折るだけでよゆうで月に届く！

にわかに信じがたい話をしよう。

今、きみの目の前に新聞紙がある。これをふたつに折り、さらにふたつに折る。そうやって同じことをくり返していくと、なんと！42回目にその紙の厚さは、月に届くほどになってしまうのだ。

ちょっと、何いってるかわからない？　じゃあ、紙の厚さを0・1㎜として考えてみよう。

これをふたつに折ったら、厚さは2倍、0・2㎜だね。もう1回折ればさらに2倍で0・4㎜。3回目では0・8㎜。4回目では1・6㎜だ。

つまり、折った回数分だけ2をかければ、そのときの厚さがわかる。

42回折り
これまでの紙を折る回数の記録は13回だとか

ここまではいいよね。

というわけで、続けて折っていくと、10回目には102・4㎜、15回目には3276・8㎜。3mをこえちゃう。どんどん厚くなっていくのがわかるね。

そして42回目には厚さは、おどろきの約44万km！　地球から月までの距離は約38万4400kmなので、よゆうで月に届く厚さになるのだ。

ただし！　42回も紙を折ることは、じつは不可能。なぜなら、紙を折るたびに、紙の外側が伸びているんだけど、その伸びに限界があるから折れなくなる。ふつう、折れても8回ていどだ。

行列店の待ち時間、どれくらい待つかわかる

だいたいの待ち時間が予測できれば待てるかな？

飲食店や遊園地などで、長～い行列！　どれくらい待つの⁉

こんなとき、だいたいの待ち時間がわかったらいいよね。そこで使えるのが「リトルの法則」だ。

やり方は次の通り。

①行列に並んだら、1分待つ。

②その後、自分の前に並んでいるのが何人かざっとでいいので数える。

③自分の後ろに何人並んだか数える。

④（自分の前の人数）÷（自分の後ろの人数）を計算。それが待ち時間だ。

たとえば自分の前に20人、後ろに2人だったら20÷2＝10分だ。

リトルの法則の時間は目安だけど、行列が長いほど、誤差が少なくなるよ。

たった5人をたどるだけでだれとでも知り合える

「6次のへだたり」という理論がある。これ、どんな理論かというと――。5人に知り合いを紹介してもらえば、世界中のだれとでも知り合えるというもの。

たとえば、知り合いに、きみが会いたい有名人と知り合いか聞く。知り合いじゃないと言われたら、その有名人を知っていそうな、べつの知り合いを紹介してもらう。それぞれ50人ずつ知り合いがいるなら、6人目で、50×50×50×50×50×50＝156億2500万人と知り合えることになる。地球の人口約80億人よりも多いわけで、理論上だれとでもつながれるのだ。

5人いれば血液型が同じ人がふたり以上いる

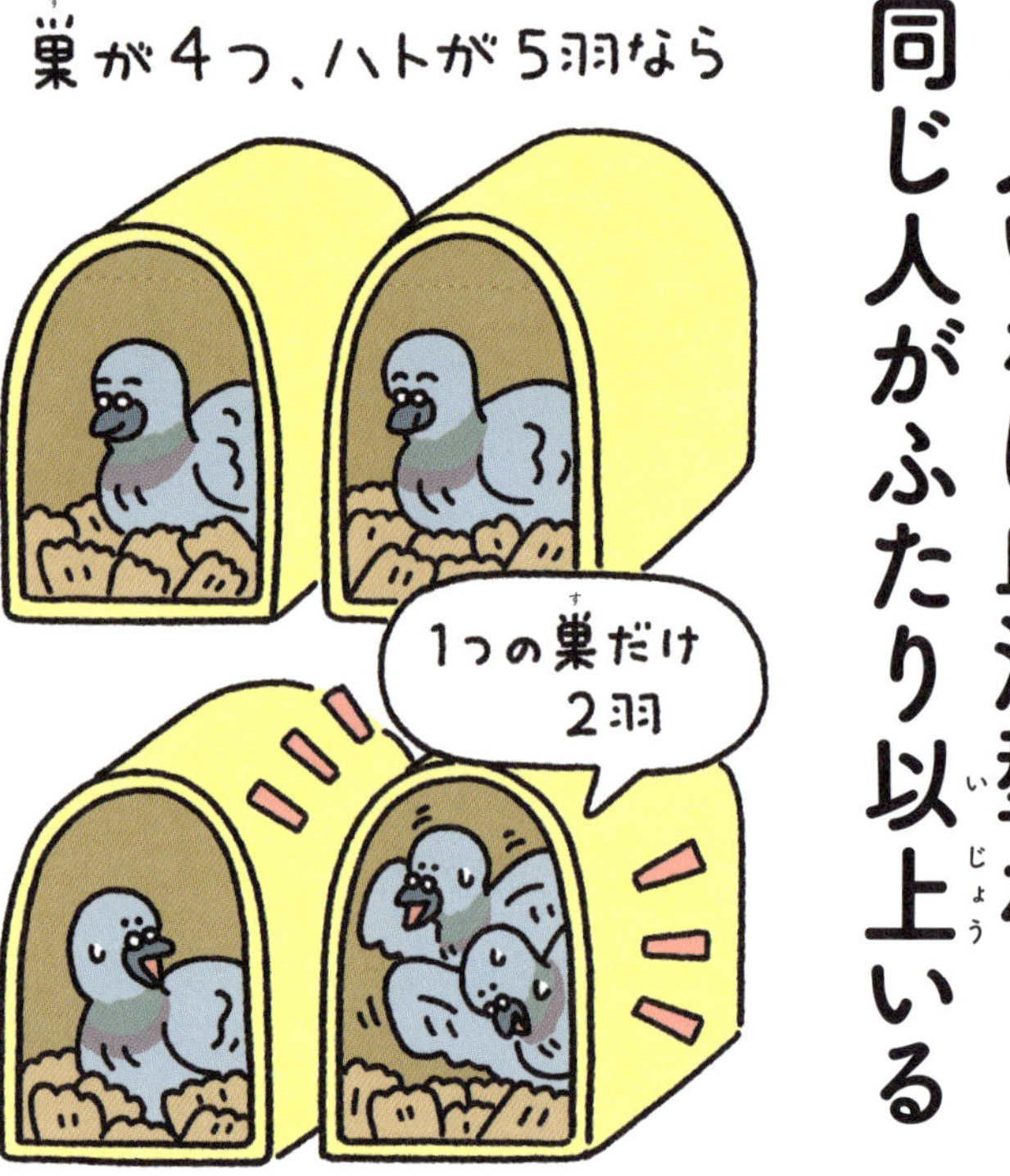

きみは5羽のハトを飼っているとしよう。巣箱は4つ。すると、ハトが巣箱に入ったとき、5羽のうち必ず2羽は同じ巣箱に入る！

……って、力強く言ってみたけど、これ、考えれば当たり前の話だよね。だって、巣箱の数よりハトの数が多いのだから。

この当たり前の考え方を、数学では「ハトの巣理論」なんていう。どういうことに使うのかといえば、いろんな予想を立てたり、証明することに、だ。

たとえば、5人いれば、血液型が同じ人がいるかどうか？　正解は「いる」に決まっている。

だって、血液型はA型、B型、O型、AB型の4種類だ。そこに5人なのだから、5人を4つのグループに分ければ、必ず同じ血液型の人がいることになるよね（その血液型が何型かはわからなくても）。

条件が増えたときにも予想は立てられる。50人のクラスで、同じ血液型で同じ誕生月の人がふたり以上いるかどうか？ なんてとき。

血液型は4種類、誕生月は1月から12月までの12か月。ということは4×12＝48通り。クラスの人数はそれより多い50人なのだから、少なくともふたりいることが証明できるのだ。

九九に出てくる数字、ぜんぶで36種類のみ！

かけ算で最初に習うのが「九九」だね。1の段から9の段まで、答えの数が81個あるのはごぞんじの通りだ。

ところで、その答えには、3×8＝24、8×3＝24、4×6＝24、6×4＝24のように、同じ数字もある。つまり、81種類あるわけじゃないんだ。

では、九九の答えに出てくる数字はいくつあるかというと、36種類。少なく感じるかな？

ちなみに、1回だけしか出てこない数字、つまり答えがかぶらない数字は5つある。それは、1、25、49、64、81だよ。

1年の半分にあたる日は6月30日でなく7月2日

1年は12か月だから、半分にあたるのは、6か月目の最終日、6月30日と思っている人も多いのでは?

でも、よく考えてみて。1年は365日だ。その半分だから2で割ると、182・5日。つまり183日目が1年の半分にあたる日。

日にちをたすと、1月は31日、2月は28日、3月は31日、4月は30日、5月は31日、6月は30日で、合計181日。183日には2日たりない。

つまり、7月2日が半分の日(折り返しはその日の正午)で、366日あるうるう年の場合、折り返しは7月2日午前0時だよ。

4/4、6/6、8/8、10/10、12/12の曜日は未来永劫ずっとそろう

たとえば1月1日が水曜日だと2月2日は日曜日……。このように月と日の数字が同じ日だからといって、曜日が同じとは限らない。

ところが、だ。4月4日、6月6日、8月8日、10月10日、12月12日は、みんな同じ曜日なんだ！

「うそ～」って思ったきみ、すぐにカレンダーをチェックしてみて！どうだったかな？ 同じだったでしょう。これは毎年そうなるんだ。

ではいったい、なぜなのか？

それは4月4日、6月6日、8月8日、10月10日、12月12日の、それぞれの日数間が、いずれも63日だからなんだ。

63という数は、7でわりきれるよね。また、1週間は7日間ごとに同じ曜日がくり返される。

だから、1週間（7日）目も、その7日後の2週間（14日）目も、みんな同じ曜日。9週間（63日）目も同じだ。

というわけで、4月4日の63日後は6月6日で同じ曜日になる。その63日後の8月8日も、さらに63日後の10月10日も、さらにさらに63日後の12月12日も同じ曜日になる。

それなら2月2日はどうなの？と思えるね。2月は28日（うるう年なら29日）までで、63日間隔じゃないので、同じ曜日にならないんだ。

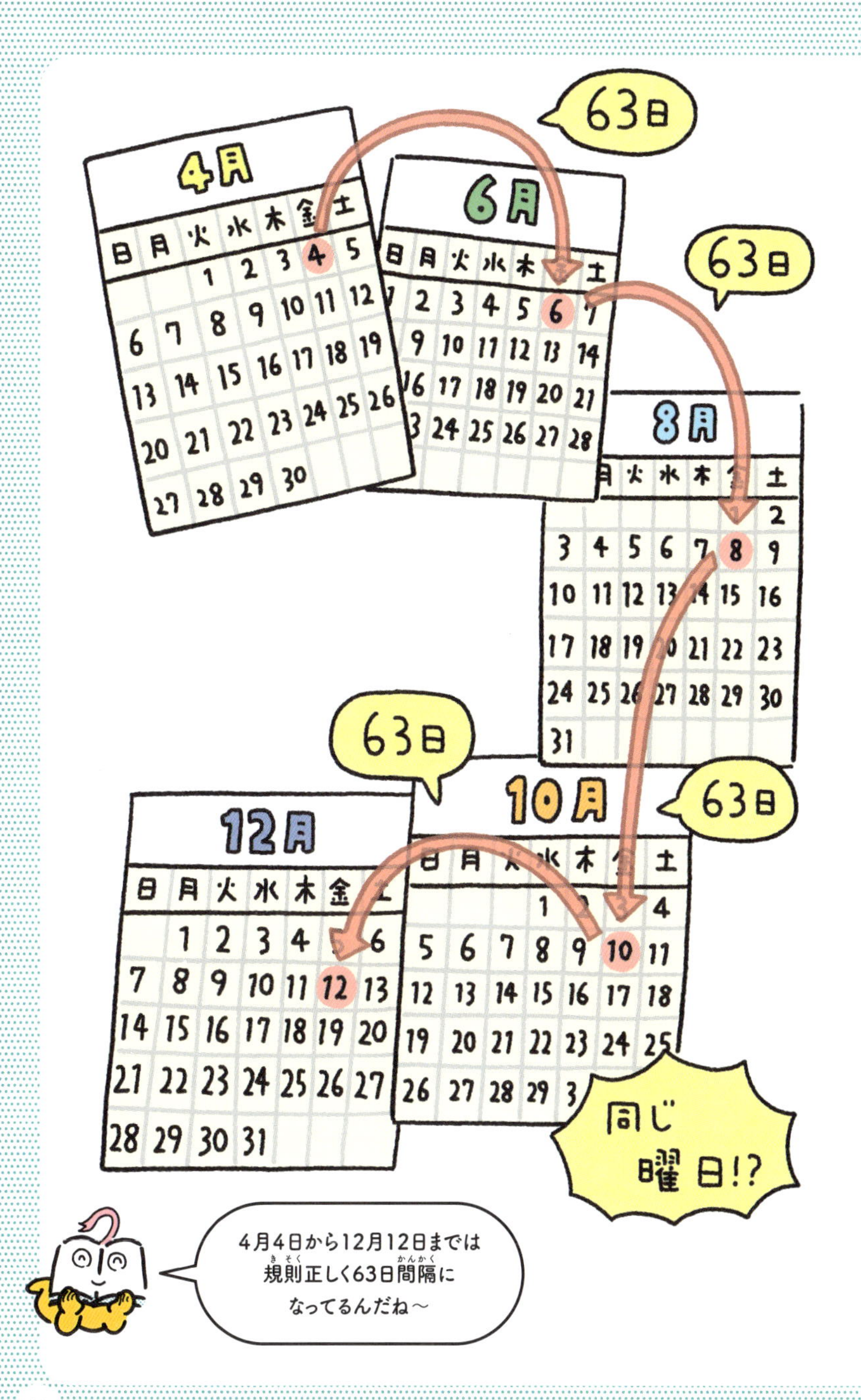
63日
63日
63日
63日
4月
6月
8月
10月
12月
同じ曜日!?
4月4日から12月12日までは
規則正しく63日間隔に
なってるんだね～

桃の節句、端午の節句、七夕は毎年同じ曜日

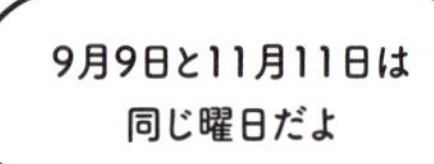

28ページで見たように、4月以降12月までの、偶数が並ぶ日は同じ曜日。それなら奇数でも同じことがいえるかというと、その通り。「桃の節句」の3月3日、「端午の節句」の5月5日、「七夕」の7月7日もまた、毎年、必ず同じ曜日になるのだ。

なぜそんなことが起きるのか？　理由も偶数のときと同じ。3月3日、5月5日、7月7日の日数間は63日だからだ。

ただし、9月9日は同じ曜日にならない。これは、7月、8月が31日まであるため。日数間が63日じゃないからだ。

1月と10月の日にちと曜日はぜんぶ同じ

カレンダーの曜日ネタを最後にもうひとつ紹介しよう。

それは、1月と10月のカレンダーは、日にちと曜日がぜんぶ同じというもの（うるう年以外）。

もちろん理由はある。1月1日から9月30日までの間が273日あるからだ。273は7の倍数で、7でわると39。つまり9月30日で39週が過ぎ、10月1日からまた1月1日と同じ曜日でスタートする。しかも1月も10月も31日まであるからだ。

では、うるう年はどうかというと、2月29日で1日ズレるよね。そのため、10月は一致しないけど、7月が同じになるよ。

＼ひと休みコラム／

すごい数学者たち①

有名度No.1な数学者は謎だらけの教団創設者

ピタゴラス

（紀元前582〜前496）

古代ギリシャのピタゴラスは、「世界はすべて、数でつくられている」と考え、数学の世界に大きな影響をあたえた、偉大な数学者のひとりだ。

でも、名前が有名なのに、本人については謎だらけ。なぜなら、ピタゴラスは「ピタゴラス教団」っていう宗教団体を作ったけど、そこが秘密主義だったから。著作物などを残していないため、弟子たちがピタゴラスのことを伝えた内容などからしか業績や人柄がわからないんだ。「ソラマメがきらいだった」とかね。

そんなピタゴラスの、めちゃめちゃすごい大発見が、「ピタゴラスの定理」（三平方の定理）ってやつ。

右図のように、直角三角形の3つの辺をそれぞれA、B、Cとしたとき、A×A+B×B=C×Cという式がなり立つというものだ。

なお、ピタゴラスはこの定理を直角三角形のタイルがしきつめられた床を見て思いついた、なんて説があるよ。

アルキメデスは研究が中断する時間をきらい、風呂にはあまり入らなかったそうだよ

風呂での大発見に裸で町を疾走した天才数学者

アルキメデス

(紀元前287ごろ〜前212)

アルキメデスは、古代ギリシャ、シラクサ生まれの数学者で科学者だ。学問の都、古代エジプトのアレクサンドリアへ留学。数学や物理を学ぶと、故郷シラクサにもどり、王に仕えた。

そこからは数学、物理で大活躍。たとえば、円周率が約3・14であること(34ページ)や、円の面積、球や円柱の体積を求める式、さらに、小さな力で大きな力を生む「てこの原理」などめちゃめちゃ発見しまくったんだ。

アルキメデスの発見で超有名なのが、「浮力の原理」の発見だ。

風呂に入ったとき、自分の体は軽くなり、体の分だけお湯がこぼれるのを見て、「液体中の物体は、その物体がおしのけた体積の液体の重さ分だけ浮力を受ける」ことに気がついたんだ。

この原理を発見した瞬間、アルキメデスは大こうふん！ 裸のまま町に飛び出し「エウレカ(わかった)！」とさけびながら走っていったとか。

円周率には終わりがない！

「円周率」は、「円の周りの長さ（円周）が、円の直径の何倍か」を示す数で、小学校では「３・１４」と習う。

つまり、円周を知りたい場合は、直径×３・１４をすれば求められる。

たとえば、直径３ｍの木がある。その木の周りの長さを知りたいなら、３（直径）×３・１４で、９・４２ｍと求められるんだ。

この円周率３・１４は、じつはぴったり３・１４じゃない。というのも、続きがあるんだ。それもめちゃめちゃ長～い続きが。

今から３７００年ほど前、円周率はだいたい３だとわかっていた。

そして、２３００年ほど前、ギリシャの数学者アルキメデスが、「もっとくわしく知りたい」と円周率を計算した結果、３・１４０８４５より大きく、３・１４２８５７より小さかったので、約３・１４になった。

日常ではそれで十分だけど、世界中の数学者たちは、もっとくわしい円周率を求めよう、とチャレンジ。

その結果、１８８２年、ドイツの数学者リンデマンが、円周率には終わりがないことを証明した。

現在、スーパーコンピュータを使って、この終わりのない円周率を計算中。２０２４年２月には、１０５兆ケタまでわかっているよ。

数学者シャンクスは15年をかけて
円周率を707ケタまで求めたけど
528ケタ目からはまちがえていた
ひゃ〜っ!!
3.14159265358979323846264338327950

1mの長さは北極点から赤道までの長さで決められた

現在、長さを表すのに使われている「m」や「cm」などの単位。これは、世界共通で使われているけど、できたのは今から200年以上前の1799年のことだ。

それまでは、長さの単位は各国でバラバラ、なんと数百種類もあって、めちゃめちゃ不便だった。

そこで、フランスが言い出しっぺになり、長さの単位を統一しましょうということになった。

でも、フランスが勝手に決めた単位では、使いたくないなんて国も出てくる。じゃあどうするか？　ってことで、文化や宗教もちがう、どんな国の人でも使えるよう、地球を基準にしようじゃないか！　となった。

そんなわけで、地球のてっぺんにある北極点から、地球を横半分に切る赤道が直角に交わる線を、1000万でわった長さを「1m」にしよう、と決めたのだ。

ただ実際、北極点から赤道までの距離を測るのは超たいへんだ。そこで、その距離の10分の1にあたる、フランスのダンケルクから、スペインのバルセロナまでを測った。その距離を元に計算したよ。

なお、1983年、mの長さは見直され、光が1秒間に真空中を進む距離を約3億でわった長さを1mとしている。

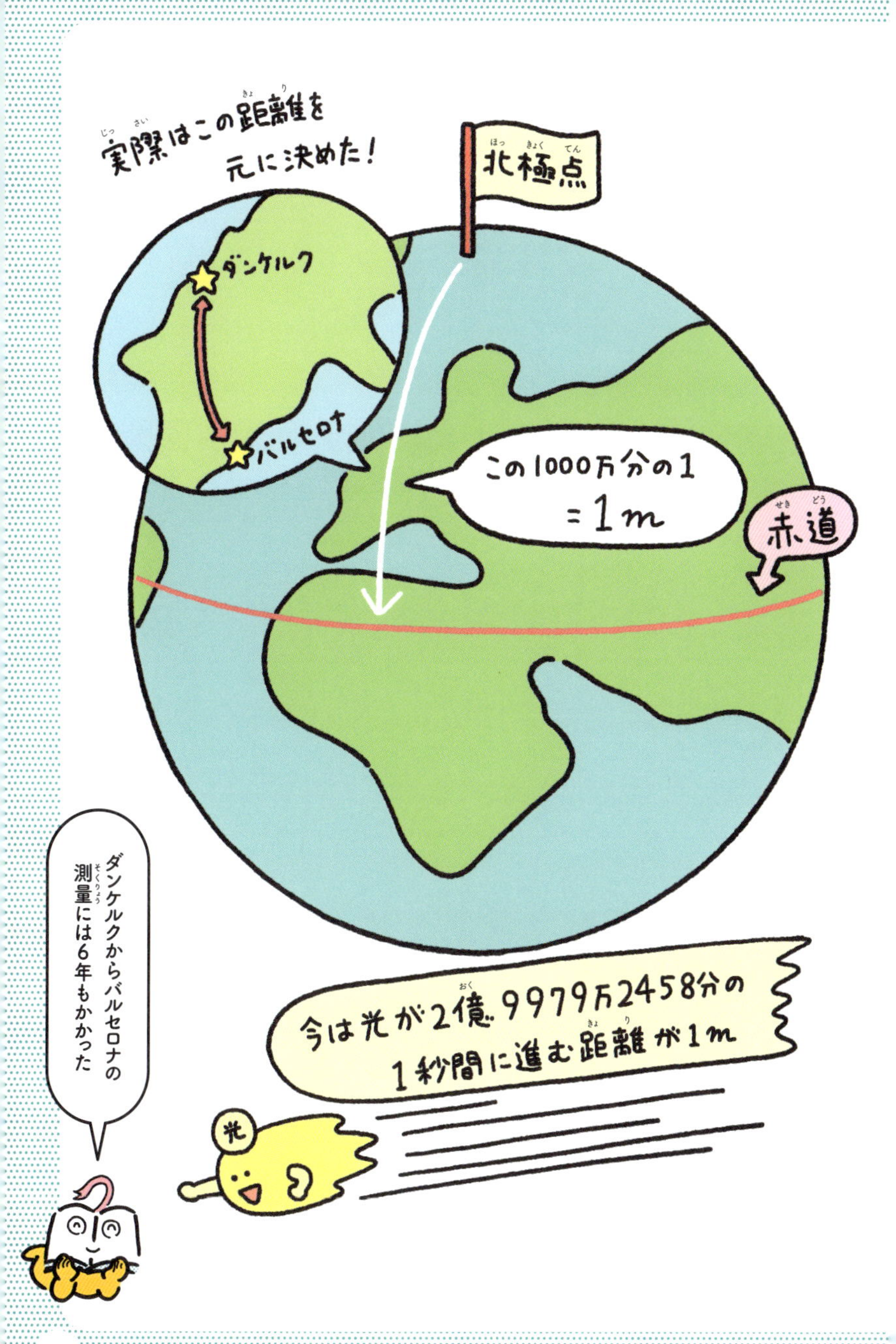
実際はこの距離を
元に決めた！
北極点
ダンケルク
バルセロナ
この1000万分の1
＝1m
赤道
今は光が2億9979万2458分の
1秒間に進む距離が1m
光
ダンケルクからバルセロナの
測量には6年もかかった

トランプの枚数は1年の週の数を表している

52週

52枚

♣が春、♦が夏、♥が秋、
♠が冬で、黒が夜、
赤が昼を表すという説もある

トランプのカードが何枚あるか知ってる？

これは計算すればすぐにわかる。♠、♦、♣、♥の4種類があり、それぞれ13枚だから4×13で52枚。じつはこの52という数は、1年＝52週間を表しているんだ。

さらに、トランプの1〜13までの数の合計は91。♠、♦、♣、♥の4種類だから4倍で364。これにジョーカーのカードを「1」としてたすと365で、1年間の日数を表している。ついでにいえば、ジョーカーは2枚だよね。2枚目もたせば366で、これ、うるう年になるってわけ。

分数の書き方に正しい書き順はない

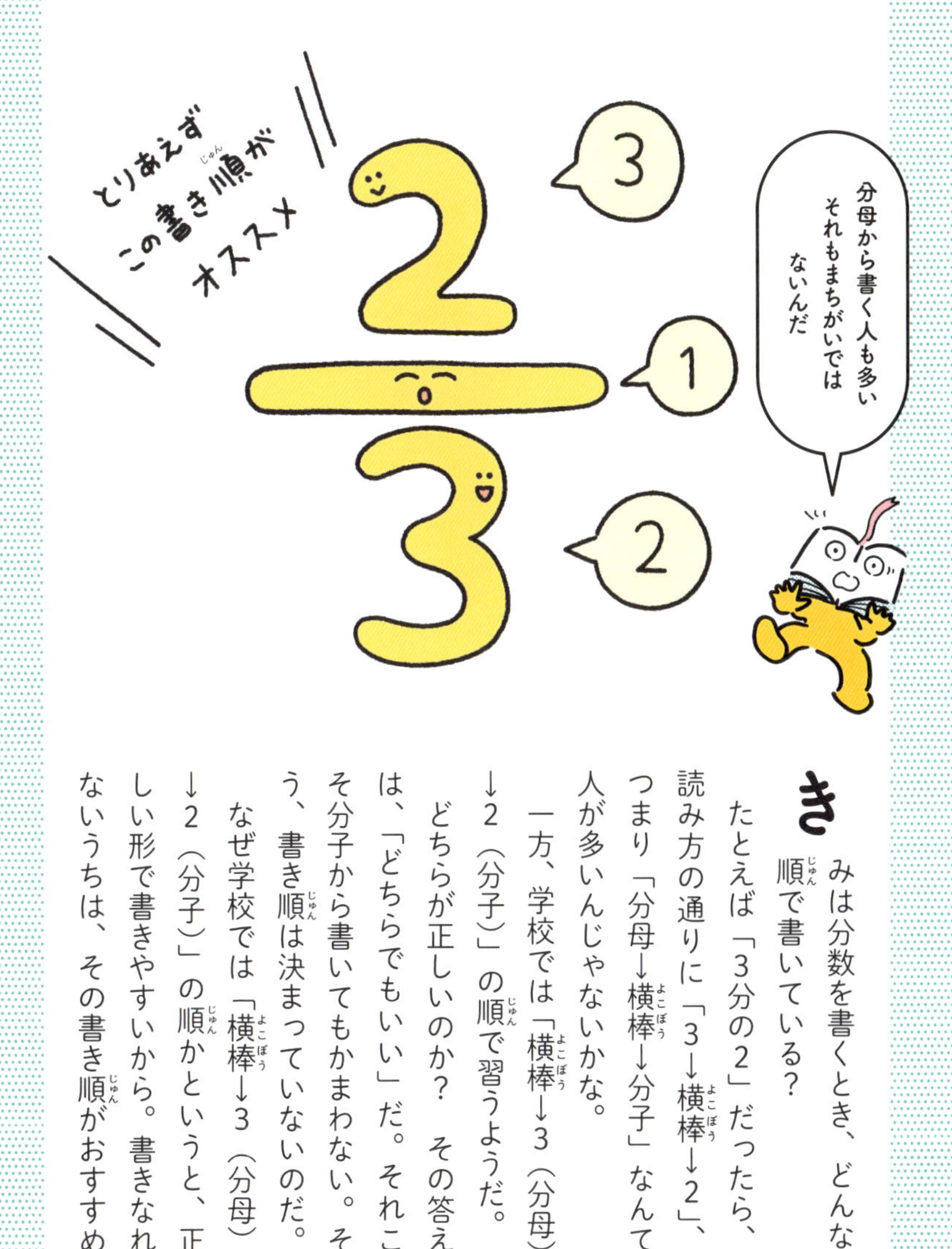

きみは分数を書くとき、どんな順で書いている？

たとえば「3分の2」だったら、読み方の通りに「3→横棒→2」、つまり「分母→横棒→分子」なんて人が多いんじゃないかな。

一方、学校では「横棒→3（分母）→2（分子）」の順で習うようだ。

どちらが正しいのか？　その答えは、「どちらでもいい」だ。それこそ分子から書いてもかまわない。そう、書き順は決まっていないのだ。

なぜ学校では「横棒→3（分母）→2（分子）」の順かというと、正しい形で書きやすいから。書きなれないうちは、その書き順がおすすめ。

わり算の記号「÷」は世界共通で使われているわけではない!?

わり算では「÷」という記号を使うのが当たり前。そう思っていたら大まちがいだ。

というのも、「÷」の記号を使うのは、日本のほかイギリス、アメリカ、韓国など、じつはごく一部。

じゃあほかの国々では何を使っているのかといえば、「:」「/」のような記号。だから「÷」は世界共通で使われているものじゃないんだ。

そのきっかけとなったのは、1600年代後半、数学界で「微積分」というものが、ふたりの数学者によって発見（くわしくはふれないけど、まぁすごい発見だ）されたこと。

ひとりはイギリスのニュートン、

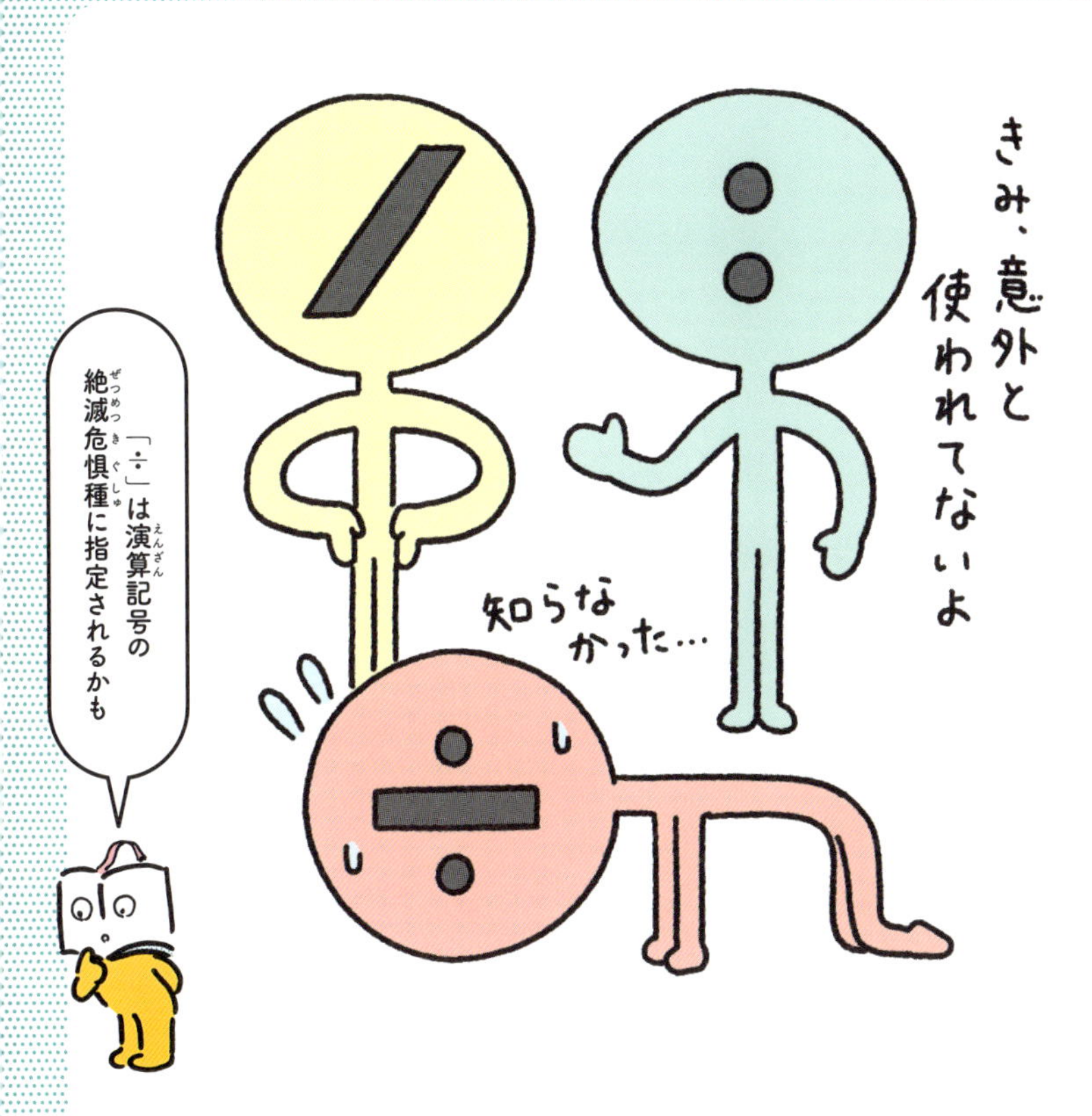

きみ、意外と使われてないよ
知らなかった…
「÷」は演算記号の絶滅危惧種に指定されるかも

もうひとりはドイツのライプニッツ。どちらが先に微積分を発見したのかと、ふたりの数学者は大げんか。

で。これがわり算の話につながる。イギリス数学界ではニュートンが気に入っていた「÷」を、ドイツではライプニッツが使いはじめた「：」「／」を、使うようになったってわけ。それが今も続いているんだ。

ただ、最近では「わり算の記号は統一した方がよくね？」って流れになっている。そして、もともと「分数」の意味がある「／」や「：」を使おうじゃないかっていわれている。

だから近い将来、「÷」は使われなくなるかもね。

\ひと休みコラム/

すごい数学者たち②

近代数学の歴史上、最大の数学者

カール・フリードリヒ・ガウス

（1777～1855）

ガウスは、〝数学史上最大の天才〟とも呼ばれる、大数学者。もともとガウスは職人の子で、数学とは無縁。親も職人になってほしいと思っていたんだ。

ところが、ガウスは子どものころからなぜか数学が超得意だった（46ページ）。自分でも、「私は話しはじめるより早く、計算ができた」なんて言っちゃうくらい。その才能を知った貴族の支援をうけて大学に進学、その後、数学者として数学の新しい分野をきりひらく研究を数多く残したんだ。

ガウスの業績は数多いけど、よく知られるのが「正十七角形をコンパスと定規だけで作図可能であることの証明」だ。じつはこれ、2000年にわたり不可能といわれていた。それを19歳のとき、パッとやっちゃったのだ。

また、ほかの人による数学の新発見が発表されたとき、その何年も前にガウスが発見して発表していなかったことだった、なんてこともあったよ。

オイラーは家族と話している最中、
「死ぬよ」と告げて
亡くなったって話があるよ

数学についての論文を書いた量5万ページ!

レオンハルト・オイラー

(1707〜1783)

オイラーはスイスの数学者で〝数学の発展を100年進めた〟なんていわれる。ガウスと並ぶ天才数学者。

8ケタどうしのかけ算を一瞬で暗算しちゃうほどの計算力や、長編小説を読んで丸暗記しちゃう記憶力の持ち主。数学の研究に熱中しすぎて、57歳で失明してしまったけど、「おかげで気が散らず、前より研究に打ちこめる」なんて言って、数学の研究を亡くなるまで続けた。

オイラーの研究内容は説明が難しいけど、オイラーの等式「$e^{i\pi}+1=0$」は、もっとも美しい数式なんていわれている。また、円周率「π」の記号を考えたのも、「一筆書き(44ページ)」の証明をしたのも、オイラーだ。

すごさがわかる話としては、約50年間で書いた数学の研究論文は、5万ページ。平均して30分に1本のペースで書きあげ、内容は革新的なものだった。しかも子どもをひざに乗せてあやしながら書いたとも!

一筆書きができる図形には決まりがある

一筆書きができるのはどれ？

「一筆書き」で、図や絵を書いたことはあるかな？

これは、筆記具を紙から離さずに、また、同じところを通らずに線を引いて、図や絵を書くこと。

ただ、どんな図や絵でも、一筆書きで書けるわけじゃない。

一見、複雑で書けなさそうだけど一筆で書ける図もあれば、シンプルなのにどうしたって一筆では無理な図もあるのだ。

上の①～④の図を見て。4つの図のうち、ふたつは、一筆書きができるものだ。どれかわかるかな？

正解は、①と④。

じつは一筆書きしなくても、図を

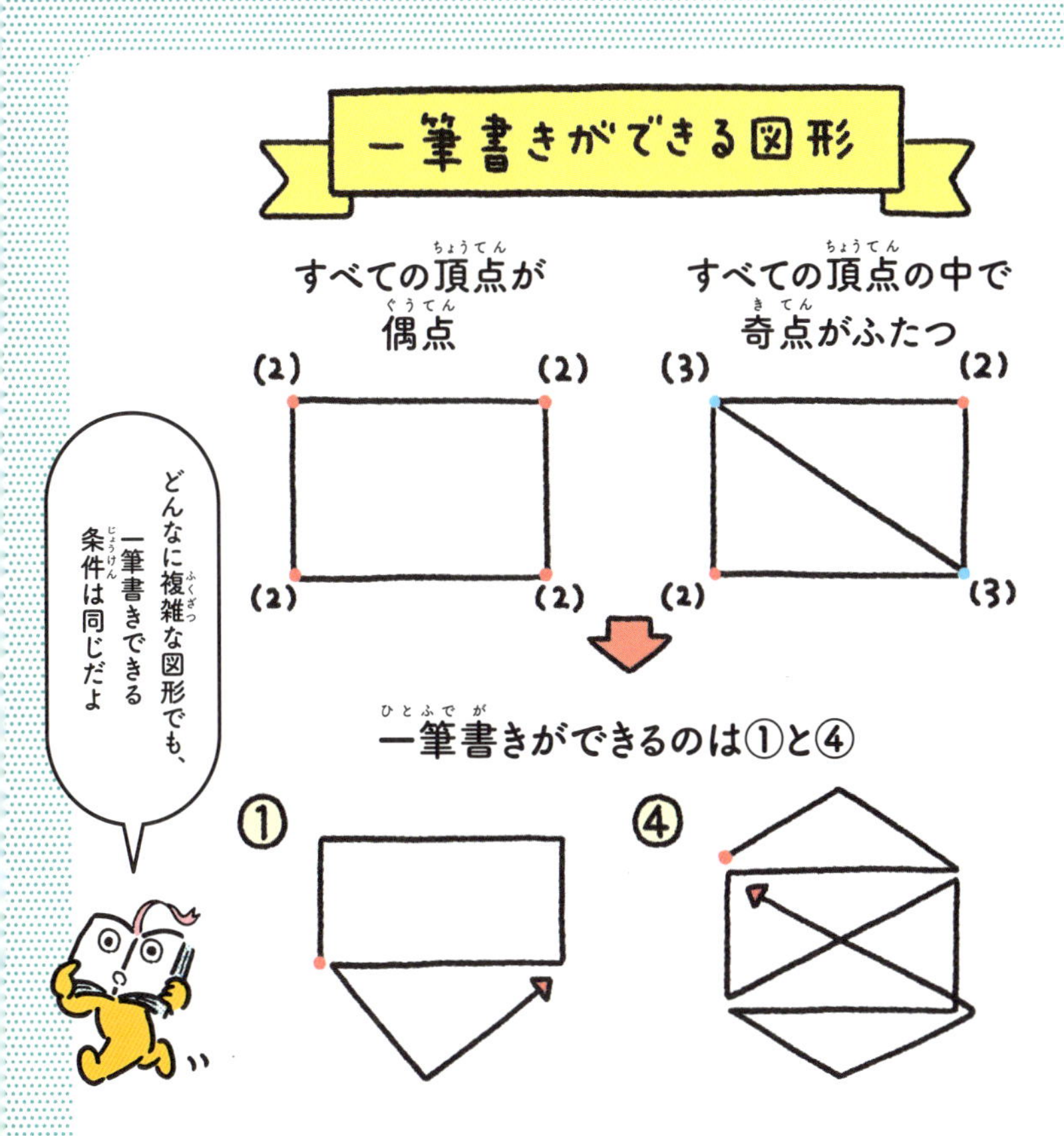

見るだけで、書けるかどうかわかる。

それは、「偶点」「奇点」の数による。「偶点」というのは、図形の点に集まる線の数が、２本や４本など偶数本の場合の頂点のこと。奇点は、これが奇数本の場合の頂点のことだ。

一筆書きできるのは、

・すべての頂点が偶点でできたもの

・すべての頂点のなかで、奇点がふたつだけあり、あとは偶点なもの

このどちらかの条件を満たしていればＯＫ。必ず一筆書きができる。裏を返せば、奇点が３つ以上ある図形は一筆書きできない。

1から100までの数をたした答えを素早く計算する方法がある

42ページで紹介した数学者のガウスが小学生のころのことだ。学校で、先生がこんな問題を出した。

「１から１００までの数をすべてたした答えはいくつ？」

こんなの、かんたんだ。教室の子どもたちは、みんな思った。だって、順々にたしていけばいいのだから。

でも、これはめんどくさいし、時間もかかるよね。このとき、ガウスはだれよりも早く、「５０５０」と答えを出したんだ。それも、先生が「まさか……」と思うほどの速さで。

どう計算したのかと聞くと、ガウスは次のように答えた。

最初の１と最後の１００をたせば

101、次の2と99も101……そうやって真ん中までいくと50＋51も101で、101になるペアが50組あることになる。だから101×50＝5050、というわけ。

　先生や友だちが、ガウスにびっくりしたのはいうまでもないだろう。

　このように、計算しやすい形にしてすばやく答えを出す方法を「速算術」という。

　たとえば、17＋26なら、26を3と23に分解する。すると、17に3をたすと20＋23で計算しやすくなるよね。38×9なんてときは、10倍してその数を引くと38×10－38＝342です ぐ答えが出るよ。

できないとわかるまで2000年かかった問題がある

円と同じ面積をもつ正方形を作図

定規とコンパスだけで

今から2000年以上前の古代ギリシャでは、数学がめちゃ研究され、発展した。

そんななかで、古代ギリシャの数学者らが投げかけた数学の問いがある。「ギリシャ3大作図問題」だ。

ここでいう作図とは、コンパスと定規だけを使って、決められた図形を書くこと。3つの作図問題は、本当に作図ができるのかどうか？ というものだ。

その問題とは、次の通り。

①円と同じ面積の正方形を作図することはできる？

②ある立方体の2倍の体積をもつ立方体を作図することはできる？

③あたえられた角を3等分することはできる？

問題を見るとシンプルだし、なんとなくできそう……と思えない？

ところが、これ、とんでもなくむずかしい。古代ギリシャでは神が出題したともいわれ、現代に名を残す超天才数学者たちが問題にいどみながらも、だれひとり、解けなかった。

そして1837年、フランスの数学者ヴァンツェルが②と③の問題を、1882年にドイツの数学者リンデマンが①の問題を、それぞれ「作図は不可能」＝できないことを証明したんだ。それがわかるまでに、なんと2000年以上かかったってわけ。

解けたら100万ドルもらえる数学問題が7問ある

数学の世界には、解けたら100万ドル（約1億5000万円）もの賞金がもらえる問題がある。「ミレニアム懸賞問題」だ。

2000年にアメリカ、マサチューセッツ州にあるクレイ数学研究所が「数学の未解決問題7問を解けたら、ひとつの問題に対して100万ドルあげちゃう」と発表したんだ。

しかも、いつまでに解かなくてはならないという期限はない。

問題を解くだけでそんな大金が!?って思うかもだけど、その難易度はヤバいほど高い。この、7つの問題には世界中の数学者がチャレンジしているけど、これまでに解けたのは、なんと「ポアンカレ予想」という問題1問だけ。

それなら100万ドルもらえる問題は6問じゃないかって？ いやいや。2021年、日本の民間会社が「コラッツ予想」という1937年から未解決の問題に、ミレニアム懸賞問題とほぼ同じ額の懸賞金をかけたのだ。だから7問というわけ。

なお、コラッツ予想は「すべての正の整数は、偶数の場合は2でわる、奇数の場合は3倍して1をたす」のをくり返すと、最終的に必ず1になることを証明しよう、ってもの。計算はだれでもできそうな問題なんだ。でも証明がむずかしい……。

$1000000
ヤン－ミルズ方程式と質量ギャップ問題
リーマン予想
P≠NP予想
ナビエ－ストークス方程式の解の存在と滑らかさ
ホッジ予想
ポアンカレ予想
解くぞ－っ
バーチ・スウィンナートン＝ダイアー予想
コラッツ予想
フワ
「ポアンカレ予想」を解いた数学者は賞金を辞退したよ

手の指が10本だから10がひと区切りになった

ぼくらが数えるときに使うのは、0、1、2、3、4、5、6、7、8、9の数字10種類だ。そして、10……20……と10数えるごとにケタが1つ上がるよね。

こういう10をひと区切りにして表す方法を「十進法」という。

では、なぜ10がひと区切りになったのだろう。それは、ぼくらの手の指が左右合わせて10本だったからじゃないかって考えられている。

ほら、数えるときって指を使うじゃない？　それが10本だったから、十進法になった、と。もし人間の指がカラスのあしみたいに4本だったら八進法になっていたかもね。

時、分、秒……それより下に時間の単位はない

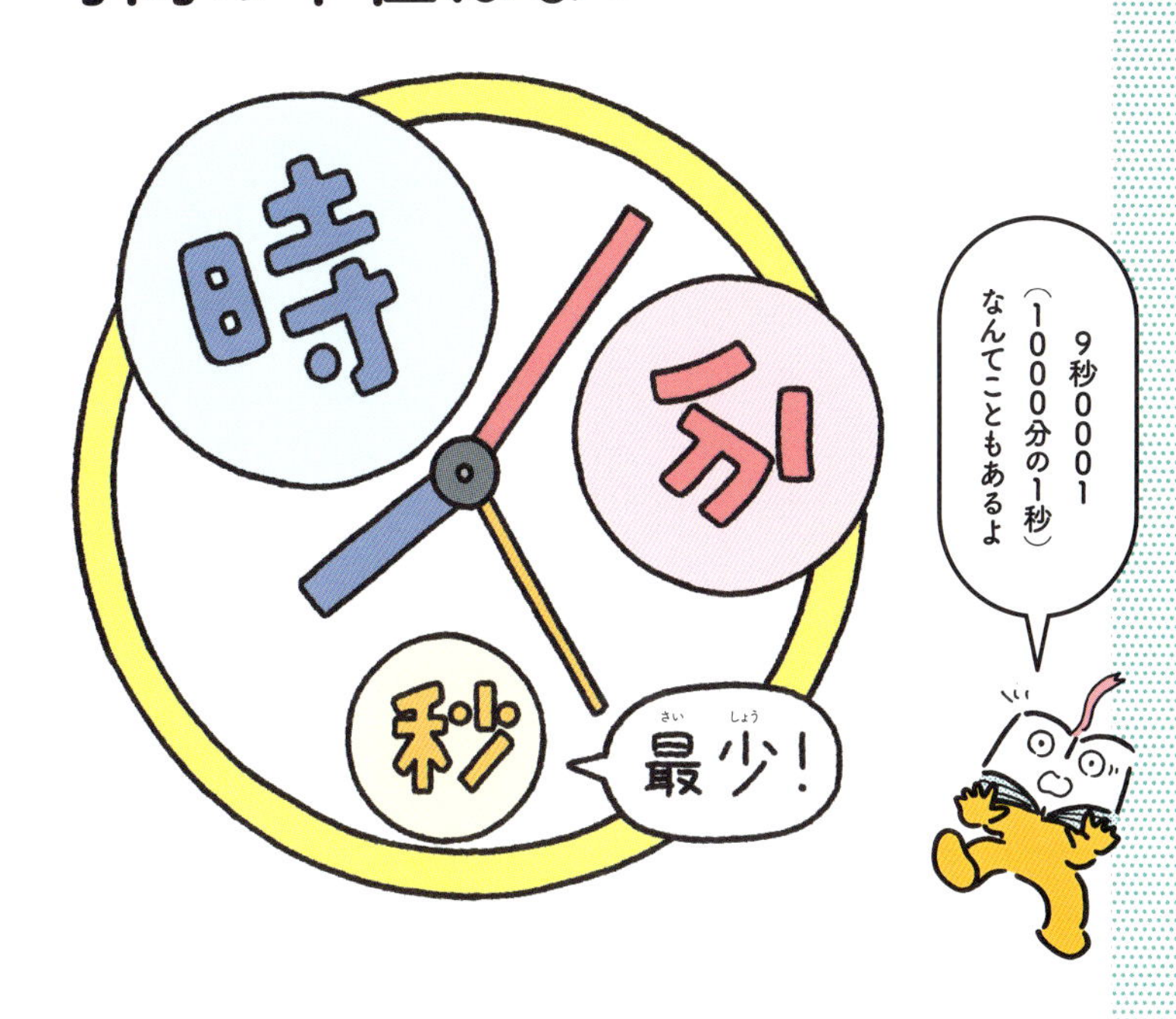

時
分
秒
最少！
9秒0001（1000分の1秒）なんてこともあるよ

時間の単位は「時」「分」「秒」。秒は60秒で1分に、分は60分で1時間というように、「60」ごとに単位がくり上がる。

これは、約4000年前に、メソポタミア（現在のイラクの一部）で、時間の単位は60ごとに区切られた60進法で測るようになったからだ。

ところが、1秒より小さい時間には、単位がない。だから60進法でもない。ほら、100m走なんかの記録でも、9秒95なんて「95」に単位がつかないのはそのためだ。

秒以下は、1000分の1秒はミリ秒、100万分の1秒はマイクロ秒なんて表すよ。

最大単位と思われがちな無量大数より大きな単位は124個もある

大きな数に単位があるのは知っているよね。え？　聞いたことがない人もいる？

いやいや。お金のケタ数を数えるときとか使うでしょ。「一、十、百、千、万……」って。あれが単位だ。

「一」が10個集まって「十」、「十」が10個集まって「百」、「百」が10個集まって「千」、その次は「万」だ。

そのあとは、「万」が10個でも単位の名は変わらず「10万」「100万」「1000万」と続くけど、「1000万」ではなく「億」になる。「万」からは4ケタごとに単位が上がっていくんだ。これを「万進法」という。で。最大の単位は何か？

よく「無量大数」なんて聞かない？仏教の言葉で「はかりしれないほど大きい」という意味で、1のあとに0が68個も並ぶ数だ。

というわけで、ここまでが正式な数の単位。

でも、この無量大数よりも、じつは正式ではないながらも、仏教の経典には、「計算できないほど大きな数」ということで、さらに大きな単位があるんだ。それは、無量大数のあとに、「洛叉」「倶胝」「阿庾多」……と続いていく。単位の数はなんと124個！

その最大のものは、「不可説不可説転」というよ。

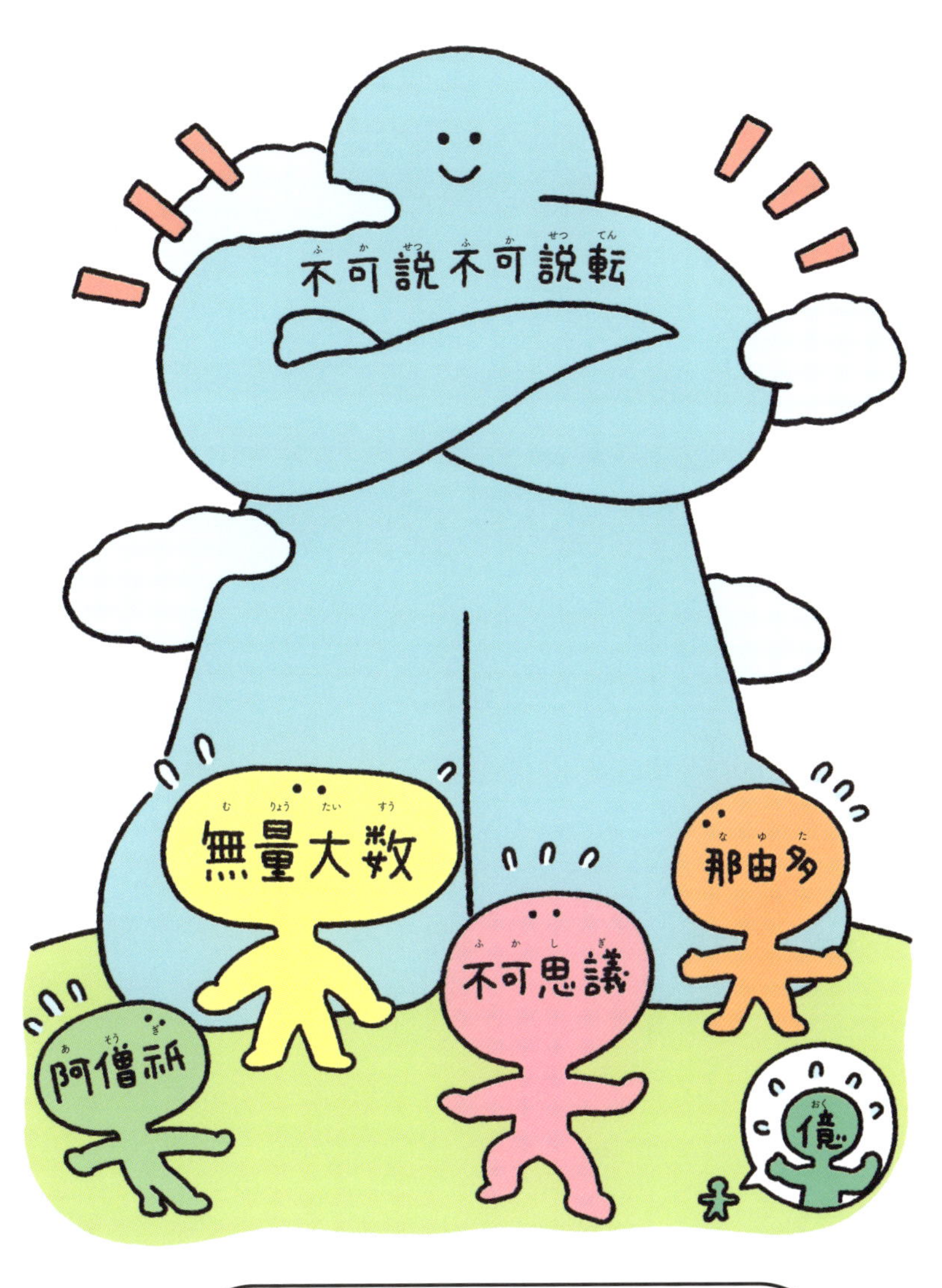

「不可説不可説転」は10を
37218383881977644441306597687849648128回
かけた数だ

もっとも小さな数の単位を涅槃寂静という

「一」より小さな数、つまり小数点以下の数にも単位はある。

大きい数の単位では、「万」より上は4ケタごとに単位の名前がつけられていたけど、小さい数の場合は、ひとつずつそれぞれに名前があるんだ。これを「下数」という。

最初は0・1（1の10分の1）の単位で「分」、0・01（1の100分の1）の単位は「厘」、以下、0・001が「毛」、0・0001が「糸」……どんどん小さくなっていって、もっとも小さな数の単位は「涅槃寂静」という。これは、0・00000000000000000000001だ。

「涅槃寂静」というのは、仏教で使う言葉。「欲望をなくして悟りの境地に達する」という意味だ。

それより1ケタ大きい「阿摩羅」、2ケタ大きい「阿頼耶」なども、仏教の用語が由来だよ。

これらの単位名は、なんだか自分の生活には縁遠そうな言葉だな、と思えるかもしれない。でも、そうとも限らない。

たとえば「繊」は「細かい」という意味で、「繊維」などに使う字でしょ。「塵」は「ちり」、「埃」は「ほこり」など、これらは、ふだん使っている小さなものを表す言葉なんだ。

分（ぶ）	0.1
厘（りん）	0.01
毛（もう）	0.001
糸（し）	0.0001
忽（こつ）	0.00001
微（び）	0.000001
繊（せん）	0.0000001
沙（しゃ）	0.00000001
塵（じん）	0.000000001
埃（あい）	0.0000000001
渺（びょう）	0.00000000001
漠（ばく）	0.000000000001
模糊（もこ）	0.0000000000001
逡巡（しゅんじゅん）	0.00000000000001
須臾（しゅゆ）	0.000000000000001
瞬息（しゅんそく）	0.0000000000000001
弾指（だんし）	0.00000000000000001
刹那（せつな）	0.000000000000000001
六徳（りっとく）	0.0000000000000000001
虚空（こくう）	0.00000000000000000001
清浄（しょうじょう）	0.000000000000000000001
阿頼耶（あらや）	0.0000000000000000000001
阿摩羅（あまら）	0.00000000000000000000001
涅槃寂静（ねはんじゃくじょう）	0.000000000000000000000001

「分（ぶ）」は「五分五分（ごぶごぶ）」とか
「腹八分目（はらはちぶんめ）」のように
「分ける」という意味

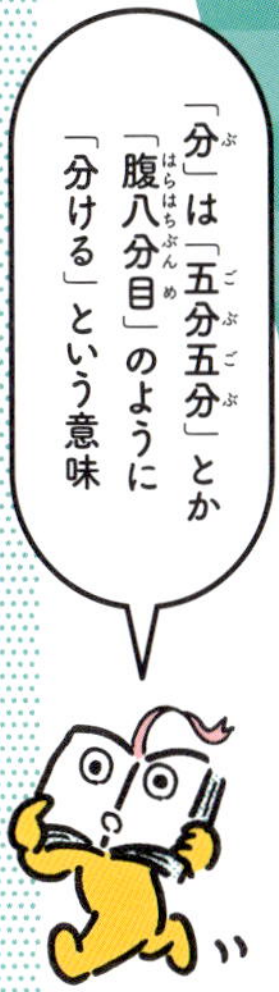

＼ひと休みコラム／

こんなものにも単位の名前

クローシャ

古代インドの、ウシの鳴き声が聞こえる距離の単位。3㎞くらい？

ミッキー

パソコンのマウスを動かす距離の単位。1ミッキー＝約0.25㎜。

柱

神様は「ひとり、ふたり」ではなく「一柱、二柱」と数える。

スポットアーヴストンド

スウェーデンの、つばをはいたときに飛ぶ距離の単位。

スコヴィル

トウガラシの辛さ。最高に辛いトウガラシは約270万スコヴィル。

ハナゲをぬくと
痛いことから、痛みの単位を
「ハナゲ」と呼ぶジョークがあるよ

2章

Chapter

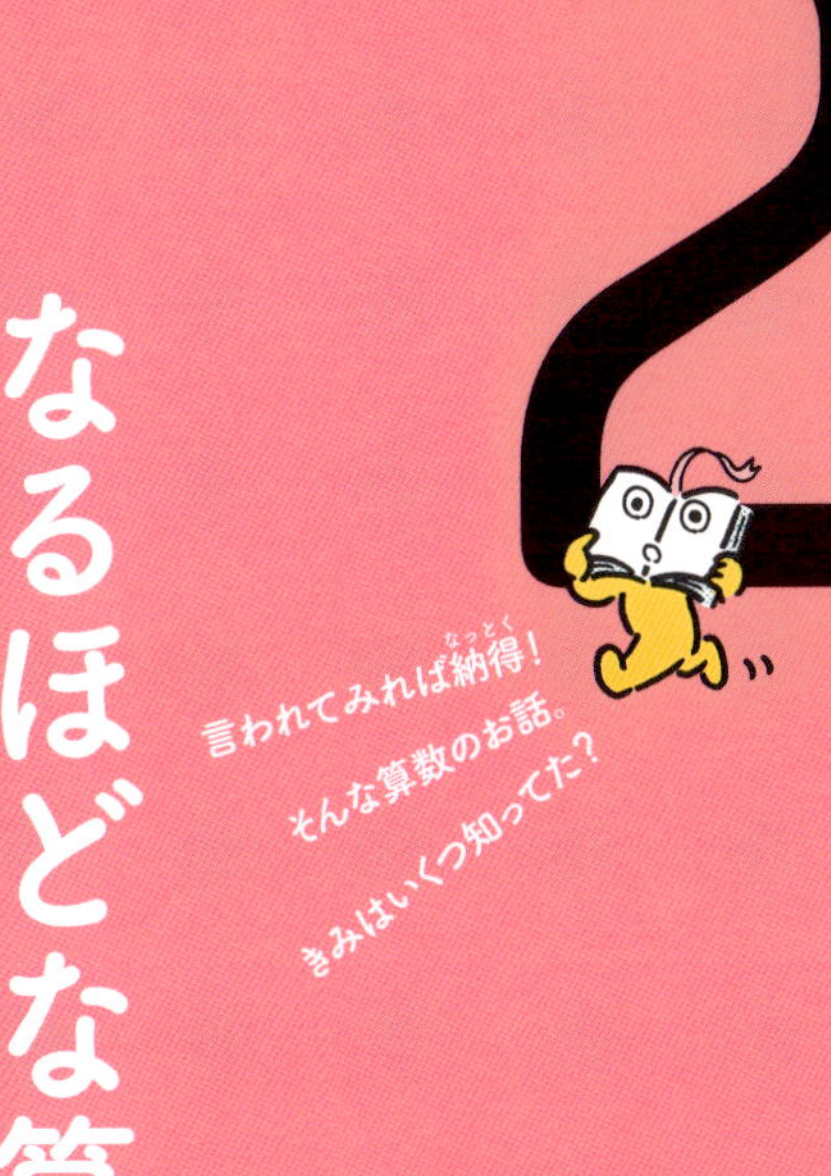

言われてみれば納得！
そんな算数のお話。
きみはいくつ知ってた？

なるほどな算数

うるう年は暦のズレを調整するためにできた

ふつう、2月は28日までだけど、4年に一度は、29日まであるよね。そんな年のことを「うるう年」というんだ。

ただし、ただ4年に一度必ずうるう年になるわけじゃない。次のような条件がある。

①西暦の年号が4でわりきれる年

②ただし、西暦の年号が100でわりきれて400でわりきれない年は平年（うるう年ではない）

つまり、西暦2000年、2004年、2008年などは①の条件に合うので、うるう年。でも、2100年の場合は、①でもあるけど、②でもある。だから、うるう年ではな

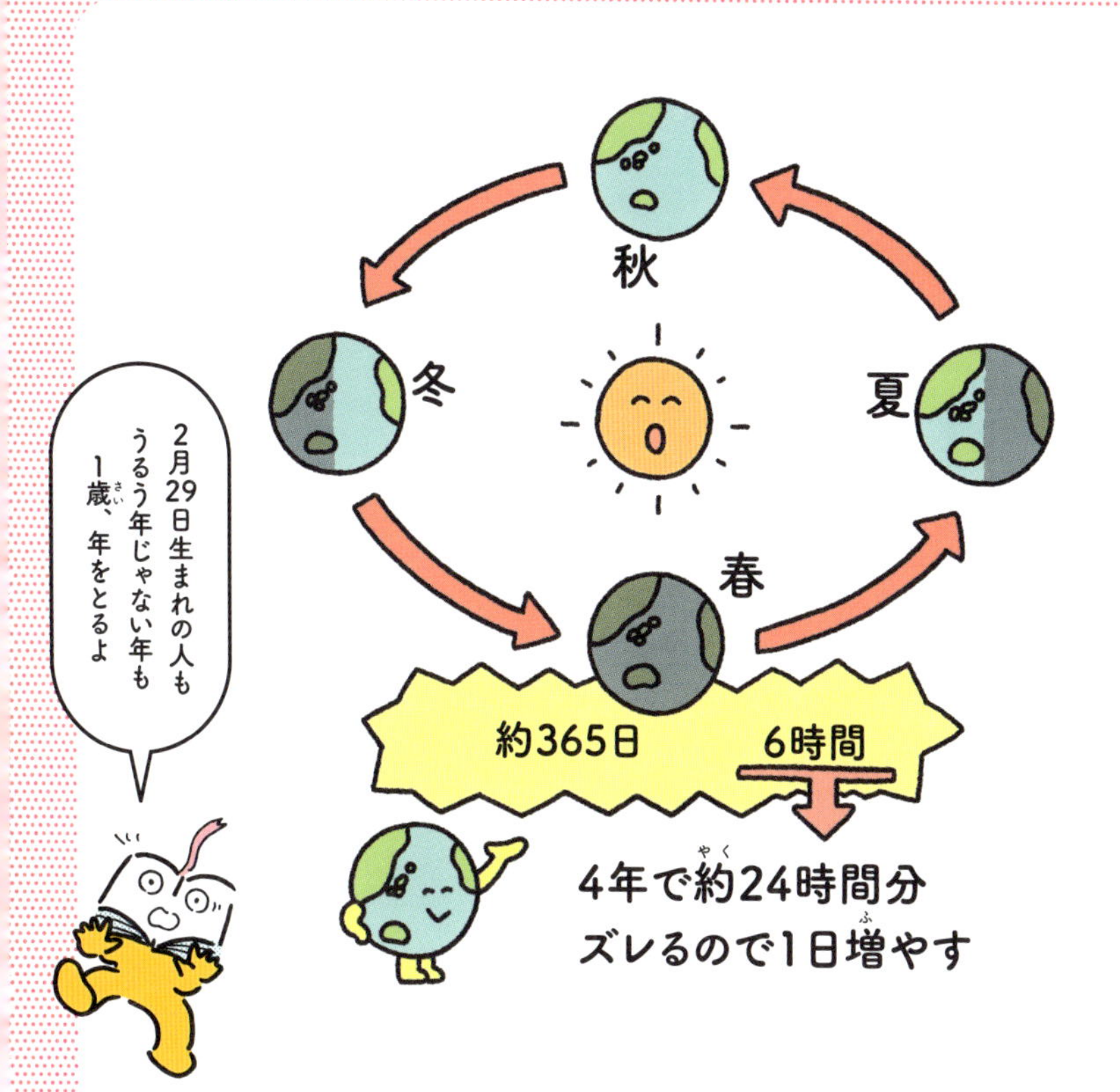

く、平年になるのだ。

　でも、どうしてうるう年があるのかといえば、これは、1年の日数を調整するためだ。

　というのも、地球は太陽の周りを回っている。これを公転といい、1周にかかる日数は、３６５日と6時間ほど。そこで1年＝３６５日に決まった。

　ところが、そのままでは３６５日と6時間のうちの「6時間」の分だけ、毎年ズレが出てくるよね。２年で12時間、３年で18時間……4年で24時間！　そこで、4年に一度、1日増やして、３６６日あるうるう年をもうけて調整するのだ。

新幹線の座席が2列と3列なのは座席をあまらせない工夫

新幹線の座席は、通路をはさむ形で2人席と3人席にわかれているって知ってた？

この座席配置、車両のはばに決まりがあるので、2人席と3人席に分けられたんだけど、じつは算数的にはちょうどよかった。

それは、いろんな人数の客が来ても、座席をあまらせない配置だったから。

どういうことか？

座席が「2」と「3」ということは、「2」以上の、あらゆる数の組み合わせができるのだ。

まず、客が指定席を予約するとき、2人組なら2人席、3人組なら3人席を予約すれば、同じグループどうしで、となり合って、席をあまらせずにぴったりに座れるよね。

そして、4人組なら2人席をふたつ、5人組なら2人席と3人席をひとつずつ予約すればOK！　あとは同じ。6人組なら3人席をふたつ、7人組なら2人席ふたつと3人席をひとつ……と、どんな人数でも対応できちゃうってわけだ。

もちろん、ひとり客だっている。席の数にも限度があるし、グループの人数、予約のタイミングなどによって、現実には、席をあまらせず全員がきれいに座れるなんて、都合よくはいかないこともあるけどね。

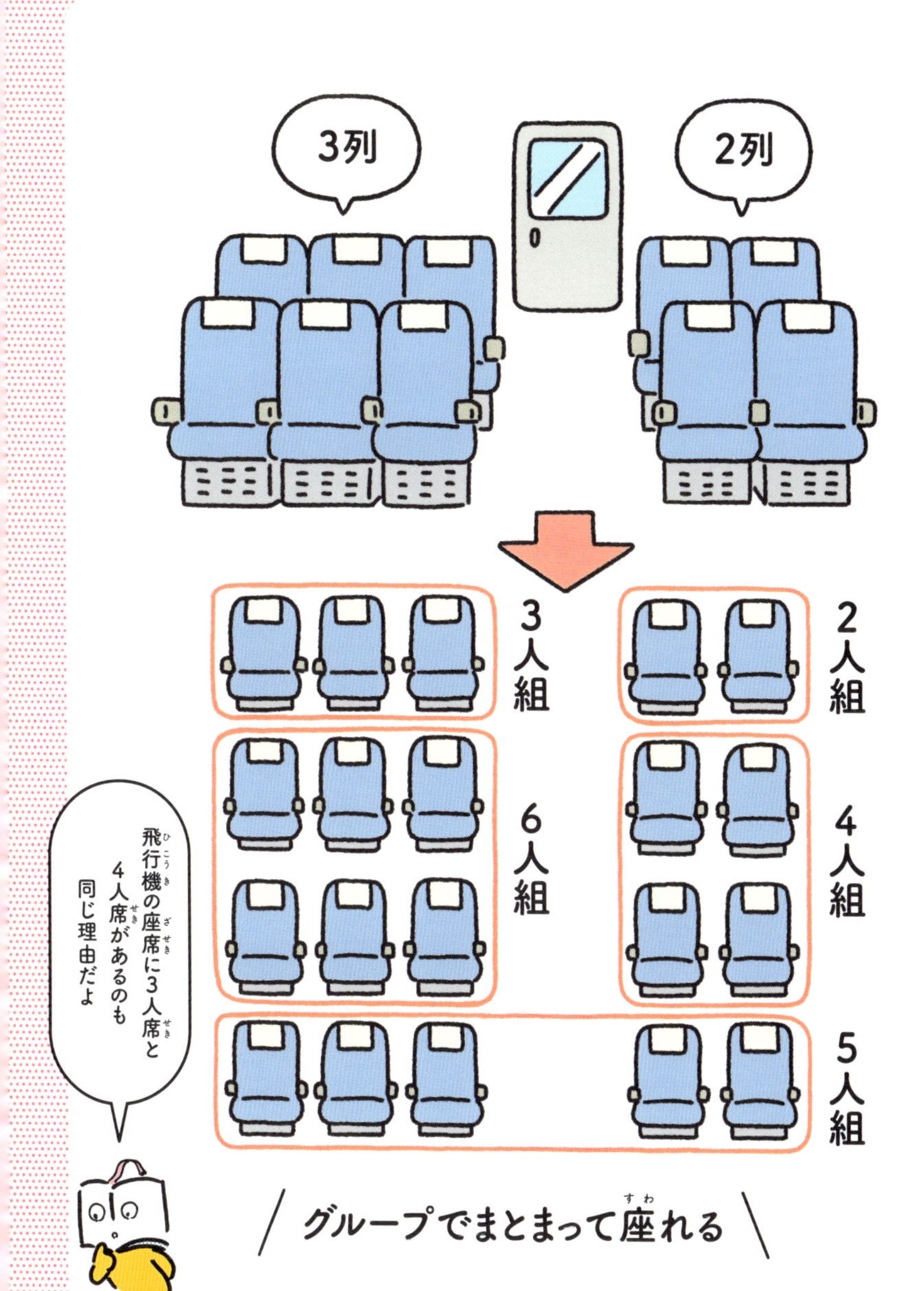
3列
2列
3人組
2人組
6人組
4人組
5人組
飛行機の座席に3人席と4人席があるのも同じ理由だよ
グループでまとまって座れる

1枚で10%引の割引券が10枚でも0円にならない

あるお店が、1枚ごとに商品10%引きの割引券を配ったんだ。

この「10%」は、1割ともいって、つまり0・1倍のことだ。たとえば、1000円の商品の10%引きなら、0・1倍=100円引きとなるので、1000−100=900円となる。

で。話をもどすと、このお店で配っている割引券は、1回の買い物で何枚も追加して使ってもいいんだ。

ということは、1枚で10%引きなら、10枚で100%引き、つまりタダってこと!? いやそうじゃない。結局、10%引きの10%引き……と、割り引かれた金額から割り引かれるので、いつまでも0円にならないよ。

マンホールが円いのはふたが穴に落ちないようにするため

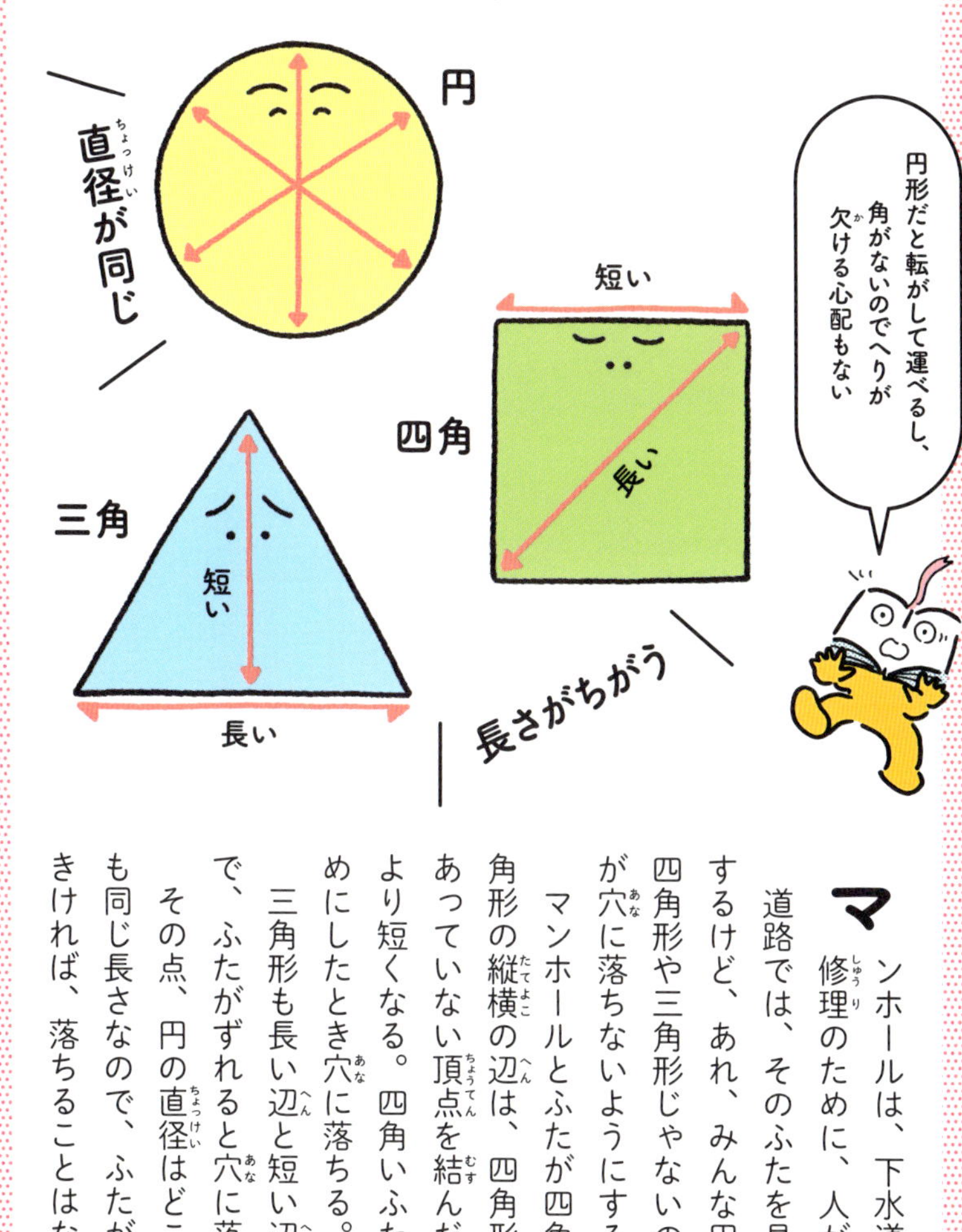

マンホールは、修理のために、人が入る穴。下水道の点検や道路では、そのふたを見かけたりするけど、あれ、みんな円いよね。四角形や三角形じゃないのは、ふたが穴に落ちないようにするためだ。

マンホールとふたが四角いと、四角形の縦横の辺は、四角形のとなりあっていない頂点を結んだ「対角線」より短くなる。四角いふただと、斜めにしたとき穴に落ちる。

三角形も長い辺と短い辺があるので、ふたがずれると穴に落ちる。

その点、円の直径はどこをとっても同じ長さなので、ふたが穴より大きければ、落ちることはないのだ。

ミスしないかぎり〇×ゲームで後攻が負けない方法がある

「〇×ゲーム」（またの名を「三目並べ」）って、やったことある人も多いだろう。

「井」のような3×3のマスに、先攻は〇を、後攻は×を交互に書き入れていき、縦横斜めどれか先に1列そろえたら勝ちという、超シンプルゲームだ。

やってみるとわかるけど、これ、先攻が絶対的に有利。真ん中に〇を書かれたら、後攻が×を1列並べて書けることは、ほぼないからだ。

じゃあ、後攻になっちゃったら、もう負けしかないの？　といえば、そうじゃない。必ず負けない（引き分けになる）方法があるのだ。

左ページの図を見ながら読もう。

まず、先攻が真ん中に〇を書いたとき。この場合、後攻が辺に×を書いたら、ほぼ負け確定。そこで、後攻の一手目は必ず角に書くんだ。これで負けは防げる。

②では、先攻が角に〇を書いたとき。その場合は真ん中に×を書こう。すると負けない。逆に真ん中以外に置くと後攻の負けがほぼ確定する。

③の先攻が辺に〇を書いたときも、真ん中に×だ。あとは〇のリーチを防ぐように×を書いていけば負けないんだ。

結局、必ず引き分けにはできるけど、必勝法はないんだよ。

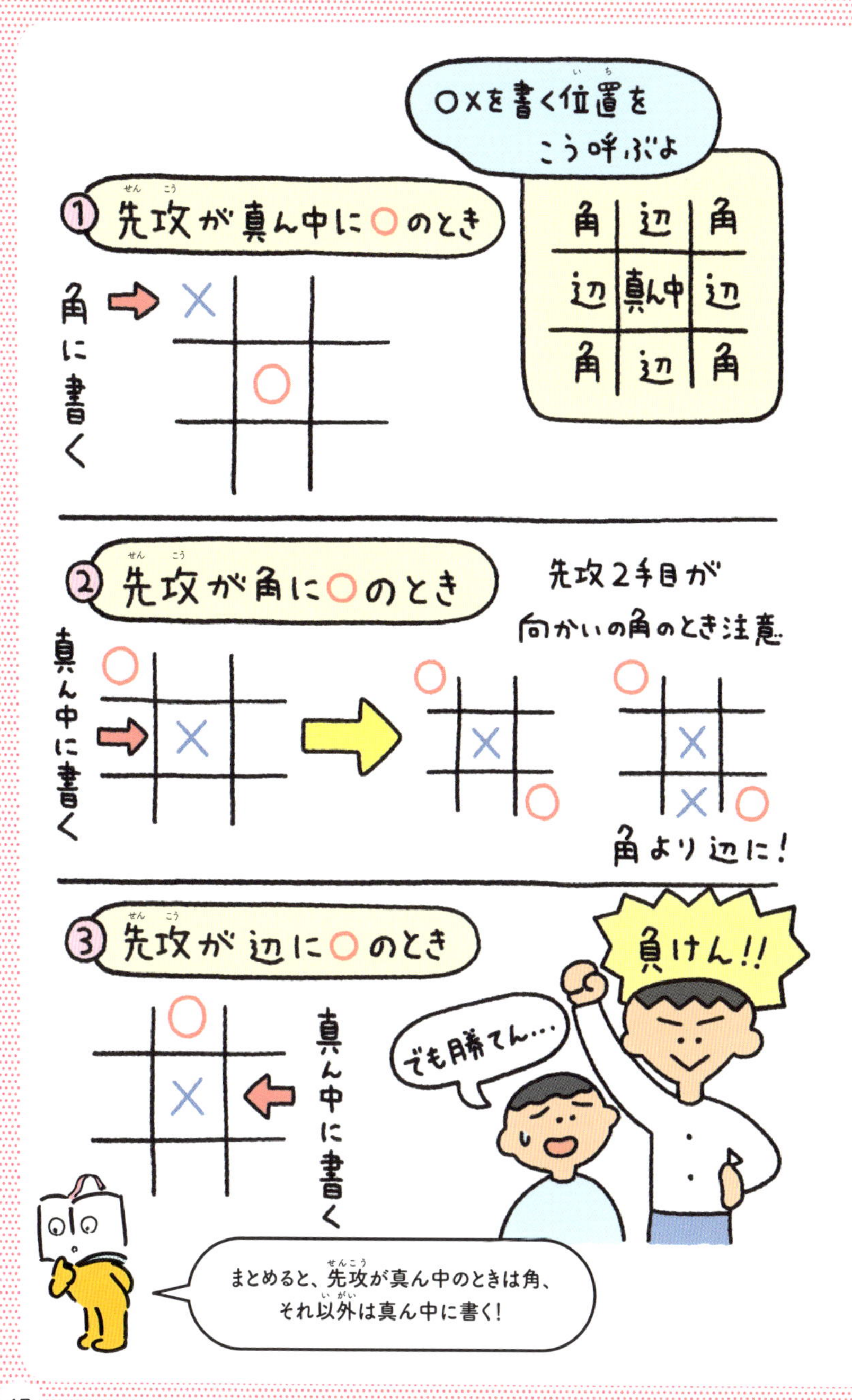
○×を書く位置をこう呼ぶよ
角 辺 角
辺 真ん中 辺
角 辺 角
①先攻が真ん中に○のとき
角に書く
②先攻が角に○のとき
真ん中に書く
先攻2手目が向かいの角のとき注意
角より辺に!
③先攻が辺に○のとき
真ん中に書く
負けん!!
でも勝てん…
まとめると、先攻が真ん中のときは角、それ以外は真ん中に書く!

めいろで必ずゴールできる方法がある

めいろを解こうとして、すぐ行き止まりになってイライラしちゃう。そんな〝行き止まりぶつかりマン〟な人に超おすすめの、めいろ必勝法があるんだ。

それは、ズバり！　めいろを始める前に、「行き止まりをとにかく見つけてぬりつぶす」こと。

やってみると、なんとなんと、正解のルートが見えてくるんだ。これは複雑なめいろでも同じだよ。

じつはほかにも、めいろの必勝法はある。

それは、めいろのかべの、右側か左側のどちらか一方をなぞりながら、ひたすらコースにそって進むという方法だ。

ここでポイントになるのは、行き止まりにぶつかったとしても、気にせずにコースにそって進んでいくことだ。

すると、時間はかかるかもしれないけど、必ずゴールにたどりつく。

これは、中世ヨーロッパでめいろが流行ったときに考え出された「左手法」（もしくは「右手法」）なんていう、歴史あるめいろの基本的な攻略法なんだ。

ただし、めいろにもいろんな種類があるよね。とちゅうに落とし穴があるとか、そういう変則的なものには使えないからご注意を。

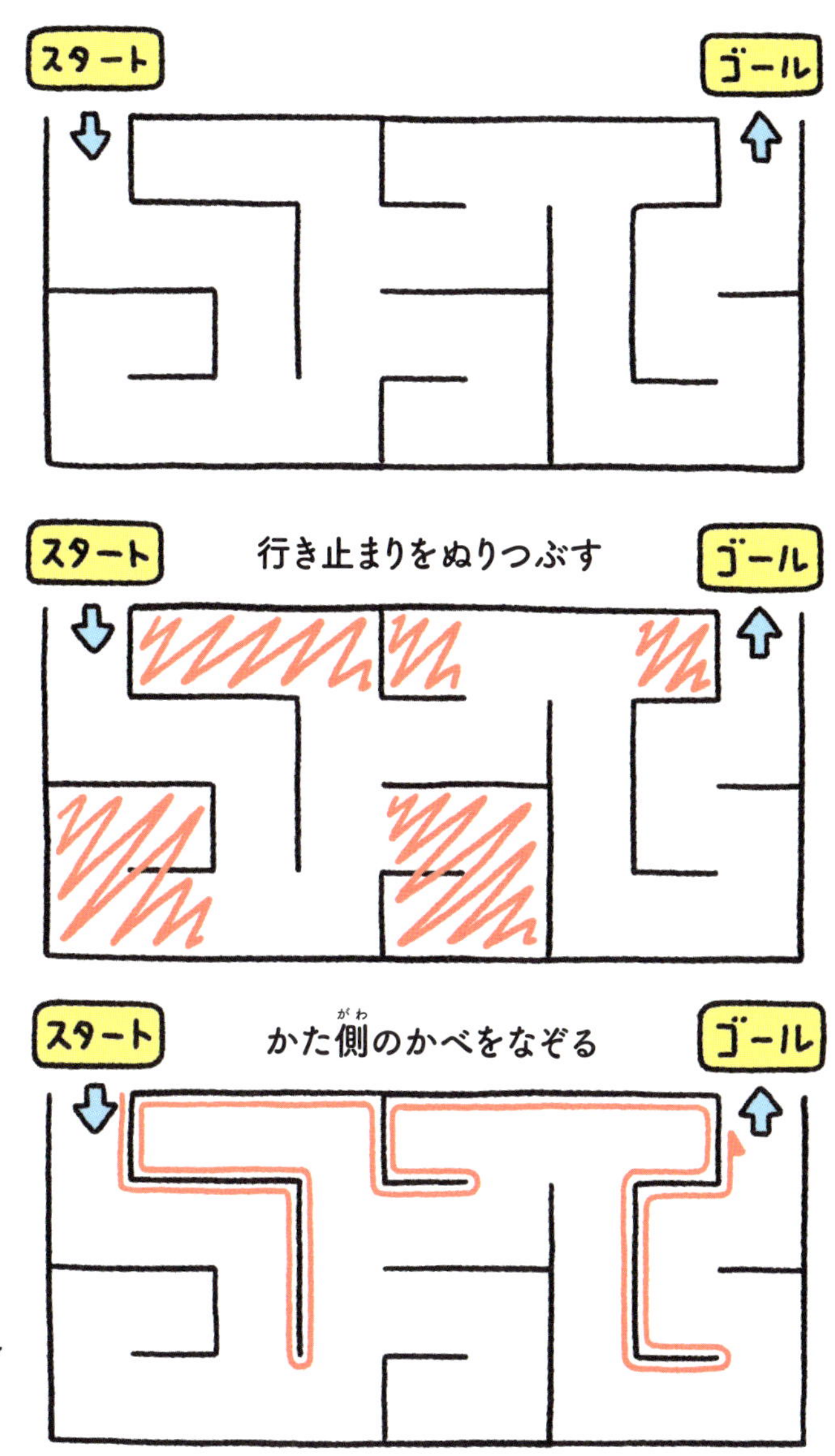

かべにそって進む方法なら巨大迷路でも使えそうだね

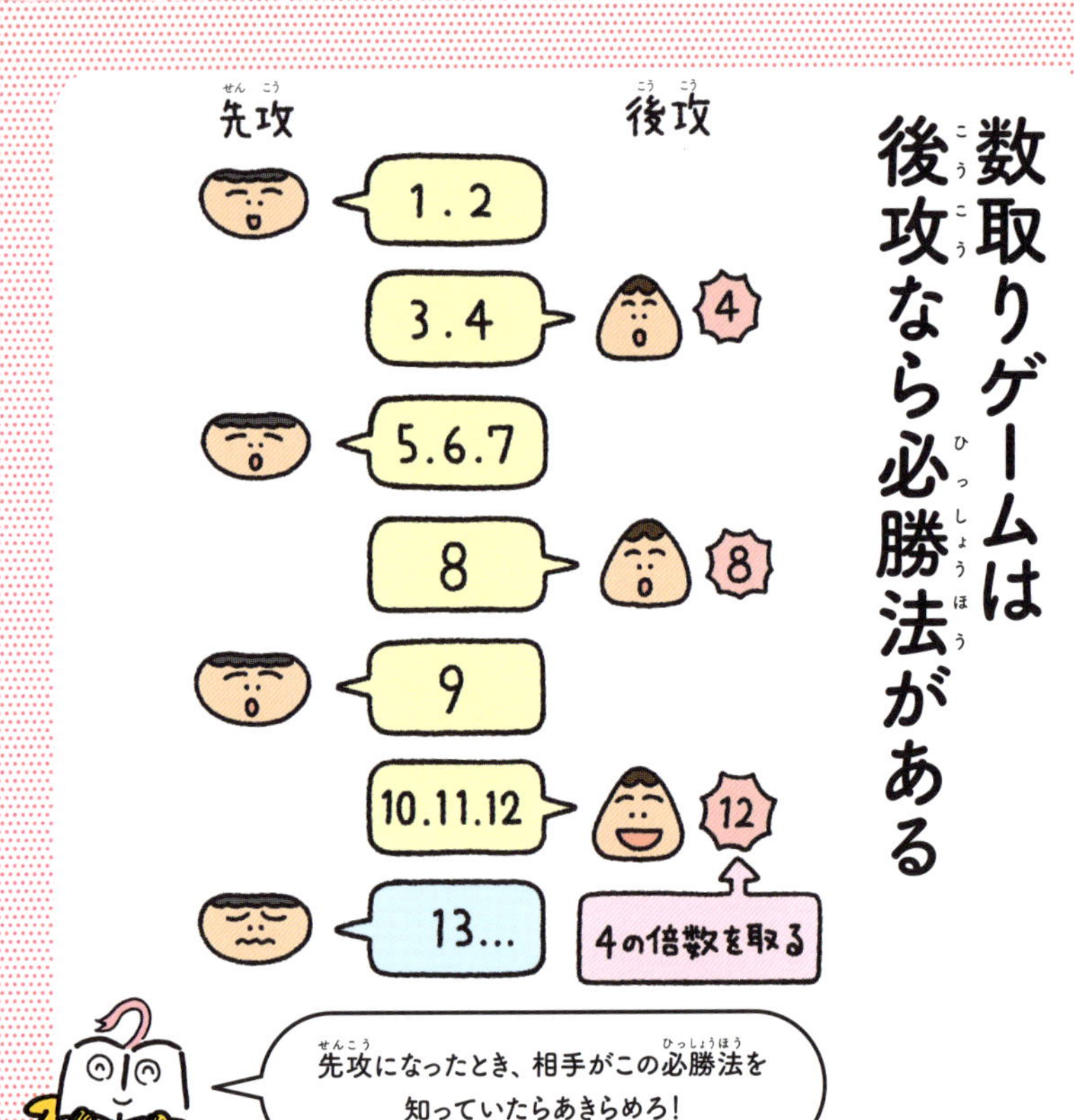

数取りゲームは後攻なら必勝法がある

「数取りゲーム」は、ふたりで交互に数を言っていくゲームだ。

1から始めて、一度に3つまで数を言える。今回は、「13」を言った方が負けというルールで説明する。

その場合の必勝法を見てみよう。

勝つためには、相手に13を言わせる必要があるわけで、ひとつ前の12を言えればいい。そこで、12を言うためには8を言えればよく、8を言うには4を言えればいい。

つまり、4の倍数を自分が言えれば勝ち確定。そして先攻では必ずしも4を言えるとは限らず、後攻なら4を言うことができる。数取りゲームの必勝法、それは後攻を取ることだ。

平均点が真ん中ではない

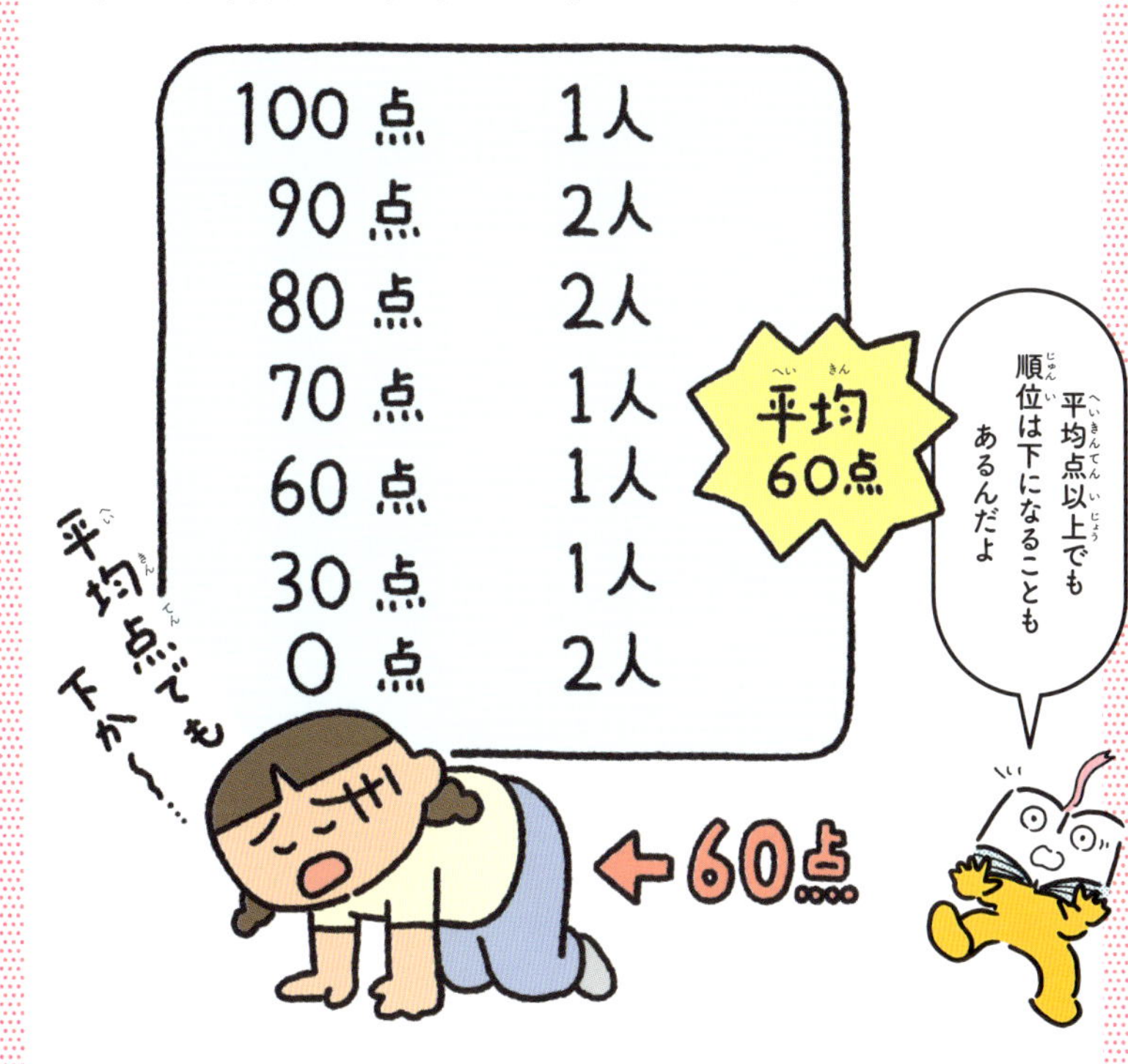

テストの結果、クラスの平均点は60点だった。そして、きみの点数もまた60点だった。

「それならクラスの真ん中か。よくもないけど悪くもない。よかった」なんて安心するのは早いぞ！

平均というと、全体の半分をイメージしがちだけど、そうとも限らないんだ。

点数が高い人が多い場合や、0点のように極端に低い人が多い場合は、点数の大きなかたよりが、平均点に影響してしまう。上の場合だと平均60点でも、10人中7位ということになってしまう。ん〜、平均だからと、よろこんではいられないのだ。

\ ひと休みコラム /

すごい数学者たち③

日本オリジナル数学「和算」を発展させた〝算聖〟

関孝和

（1642ごろ～1708）

日本では江戸時代に、独自の数学「和算」がブームに。この和算の数学レベルを世界レベルまで引き上げたとされるのが、〝算聖〟とも呼ばれた数学者、関孝和だ。

孝和は子どものころから和算に興味をもち、夢中に。やがて自力で数学を研究するようになった。そして、当時はむずかしい計算には「算木」という道具を使っていたところ、紙に書いて計算できる独自の「筆算」をあみだしたんだ。これにより、日本の和算は独自の発展をとげたんだ。

孝和の驚きの業績は、筆算のほかにもいっぱい。その代表的なものが、円周率（34ページ）の計算だ。

西洋の円周率の計算方法が知られていない当時の日本で、孝和は独自のやり方で、とにかく円に近い正131072角形を作図。そこから、円周率の値を小数点以下11ケタまで計算したんだ。これは当時の西洋の数学にも負けずおとらずの成果だったよ。

日本の和算は、せっかくの研究や発見を秘密にしたり、西洋の数学が入ってきたりしたのですたれちゃったんだ

女神に愛された〝数学の魔術師〟

シュリニヴァーサ・ラマヌジャン

（1887～1920）

84ページ「タクシー数」のエピソードでも知られる、インドの数学者ラマヌジャン。彼は幼いころから数学の才能キラッキラ。独学で数学の公式集を解くのにハマると、自分でも数学の公式を考え、ノートにつづった。その数なんと3254個。その3分の2が未発見のものだった。それらは、女神が教えてくれたと語ったそうだ。

〝人間のふりをした悪魔〟的天才数学者

ジョン・フォン・ノイマン

（1903～1957）

ハンガリー生まれの数学者ノイマン。幼いころから計算能力はズバぬけまくり。なんと複雑な計算も頭の中でできたり、すごい論文をさらっと書き上げたり。そこで「悪魔」なんてあだ名がついた。コンピュータの元を作ったのもノイマンで、「世界で2番目に計算が速いやつができた」と言ったとか。もちろん1位はノイマンという意味だ。

三角形が図形の中でいちばん強い

円形、三角形、四角形、五角形……。図形にはいろんな形があるよね。そんな中でも、もっとも強力な形、がん丈な形は何角形でしょう？

答えは四角形と思う人も多いかな。建物のかべも四角形だしね。形としても安定感ありそうに見える。

でも、正解は三角形。

四角形は外から力を加えると、かんたんに変形してしまう。三角形の場合は、力を加えても、それぞれの辺がお互いに支え合っているので、変形せずに力を分散させることができるんだ。

なんといっても、三角形は「最小かつ最強の構造体」なんて呼ばれることもあるほど、強い形なんだよ。

じゃあ、建物のかべはなぜ四角なのか？　というと、内側には斜めに補強材が入っていることがよくある。そうすることで、四角形は三角形になり、建物の強度が増すってわけなんだ。

そんなわけで、世の中の建造物に三角形はいっぱい使われている。有名なところでは、東京タワーや東京スカイツリーも三角形の集合体。鉄道の鉄橋なんかもそうだね。

もっと身近なところだとダンボール箱。その断面は三角形になっているよ。ぜひ、確認してみよう！

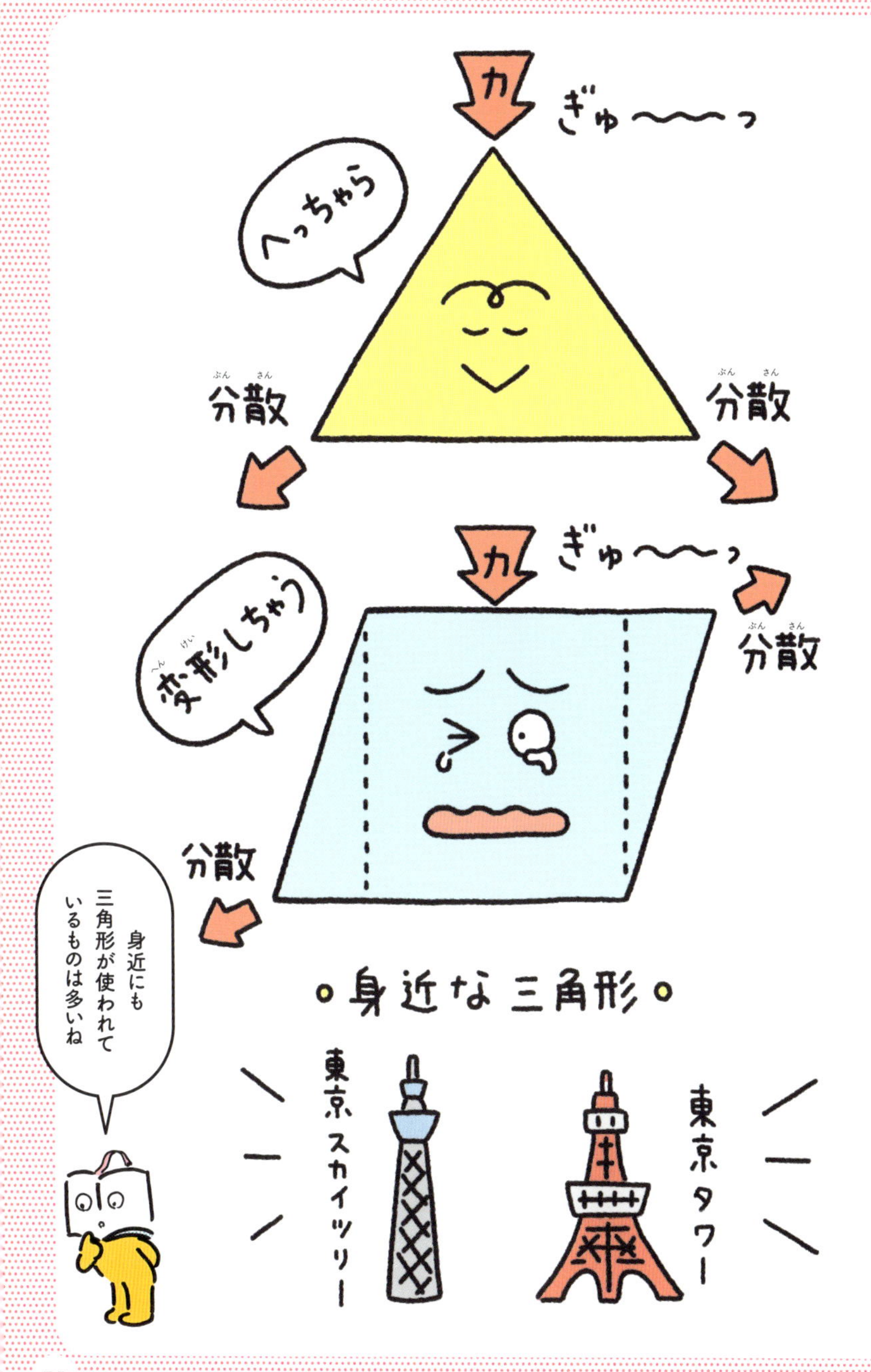
力
ぎゅ〜〜っ
へっちゃら
分散
分散
力
ぎゅ〜〜っ
変形しちゃう
分散
分散
身近にも
三角形が使われて
いるものは多いね
身近な三角形
東京スカイツリー
東京タワー

かけっこで2位の人をぬいても1位になれるわけじゃない

かけっこのとき、ビリっけつを走っていたタカシくんは、必死のラストスパート！　急に追い上げてきたんだ。

タカシくんは前を走る人たちをぐんぐん追いぬき、ついに2位の人をぬき去ったところでゴールした。

さて、タカシくんは何位だっただろう？　2位をぬいたんだから、1位だと思える？　ところがところが。2位の人をぬいたのだから、2位になったのだ。

同じような問題で、10位の人をぬいてそのままの順位でゴールした場合は何位かな？　答えは10位だね。

まちがいやすいので、気をつけて。

ある数が3でわりきれるかはその数の各ケタをたした数が3の倍数かどうかでわかる

15が3でわりきれるかはすぐわかるよね。九九の3×5=15なわけで、15は3の倍数だからね。

これがもっと大きな数のとき、3でわりきれるかどうかも、すぐにわかる。筆算をする必要もない。

その方法は、3でわりきれるか知りたい数の各位を足した数が3の倍数かどうか見ればいいんだ。

具体的に見てみると、35646だったら、各位を足すと、3+5+6+4+6=24だ。24は3の倍数だから3でわりきれることがわかる。最初に見た15も1+5=6で3の倍数。だから3でわりきれる。

0の読み方、ゼロとレイは同じ意味ではない

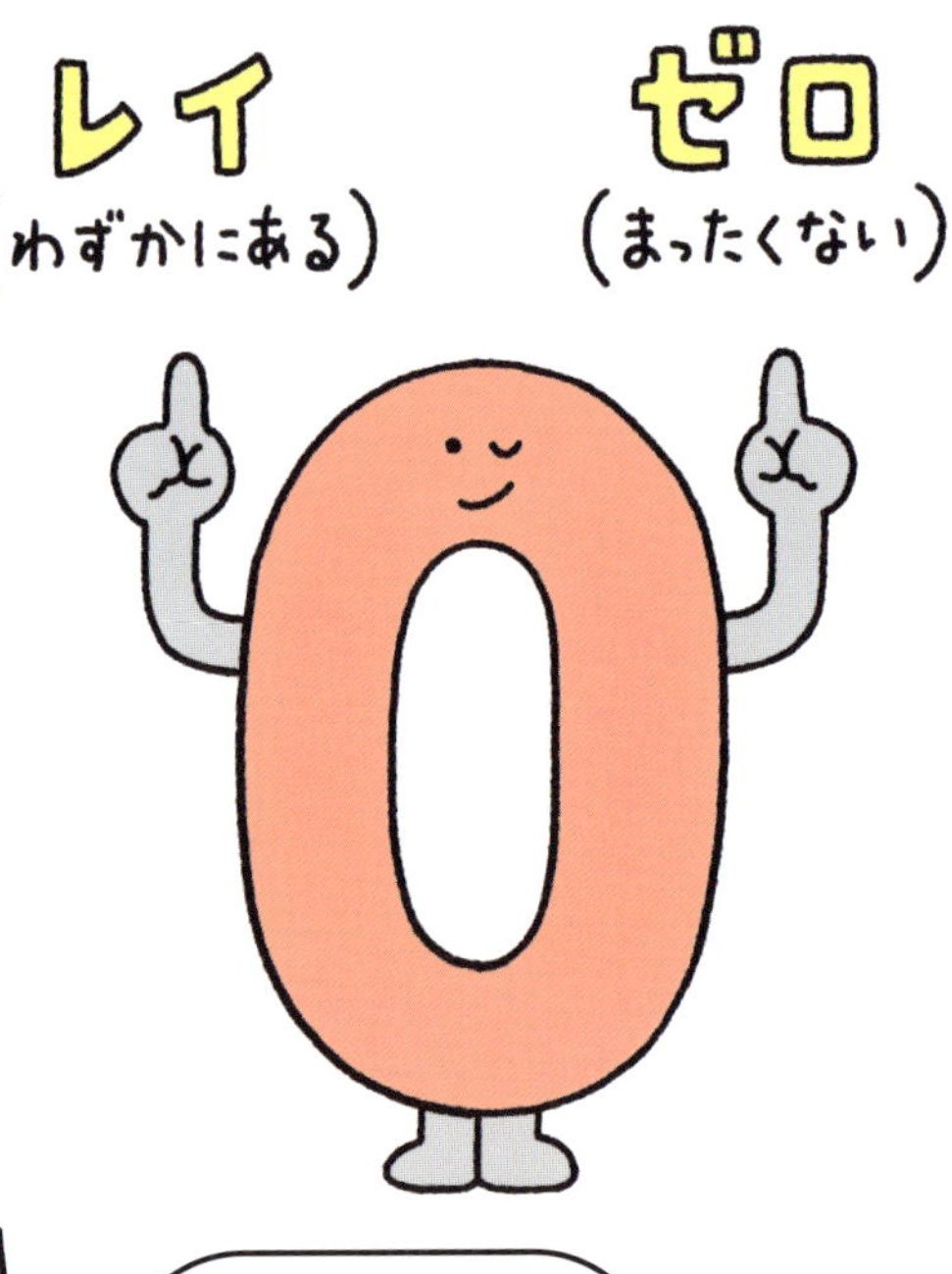

時間は「あるかないか」じゃないから、「0時」は「ゼロ時」と読まない

「0」はどう読む？　算数のときは、「ゼロ」と読む。でも、「降水確率は0％」なんてときは、「レイ」って読むよね。

このちがいは、「ゼロ」と「レイ」がもっている意味のちがいだ。

「ゼロ」というときは、「まったくないこと」を表す。「チョコを10個ぜんぶ食べちゃったから0個だ」のときは「レイ個」でなく「ゼロ個」だ。

「レイ」というときは、「まったくないこと」に加えて、「ほんの少しある小さいこと」を表す。

降水確率0％のとき、まったく雨が降らないわけじゃない。だから「レイ％」なんだ。

0は偶数

0、1、2、3……のように、1ずつ増えるか減るかしてできる数を整数という。そして、2でわったとき、わりきれる整数を偶数、わりきれない整数を奇数という。

ということは、2、4、6は偶数だし、1、3、5は奇数ってわかるよね。じゃあ「0」は？

正解は偶数だ。なぜならば、0÷2＝0。2でわってもあまりが出ないということは、わりきれたからだ。

また、1、2、3のように、偶数は奇数と奇数の間にはさまれている。そして0も奇数である1と-1の間にはさまれている。

だから、0は偶数なのだ。

トーナメントの試合数は出場者の数から1を引けばわかる

出場者1億人でも
試合数は一発でわかる

トーナメントはもともと
騎士の馬上試合のことだよ

甲子園でおなじみ、全国高校野球やサッカーのW杯決勝などの試合は、勝ち抜き形式、いわゆるトーナメントで行われる。

そのトーナメントで100チームが試合をするとしよう。引き分けがないとして、試合数は何試合かな？

トーナメントは最後まで勝ち残ったチームが優勝となる形式だ。チームの数だけ試合が行われ、1組だけが残るのだから、「出場チーム数－1」、つまり100チームの場合は99試合になるんだ。

トーナメントで2回戦から参加のチームがあるような組み方であっても、試合数が変わることはないよ。

リーグ戦の試合数は出場者×（出場者−1）÷2で求められる

	A	B	C	D	E	F
A		ア	イ	エ	キ	サ
B	ア		ウ	オ	ク	シ
C	イ	ウ		カ	ケ	ス
D	エ	オ	カ		コ	セ
E	キ	ク	ケ	コ		ソ
F	サ	シ	ス	セ	ソ	

Aチーム対Bチームと
Bチーム対Aチームの
対戦は同じだから÷2

リーグ戦は、出場者（出場チーム）の総当たりで試合を行う。リーグ戦のとき、試合数はぜんぶでいくつになるだろう？

たとえば、上の表のように、6チームが出場する。Aの試合数は、A以外のすべてと当たるから、6−1＝5試合。ほかの5チームも同じように5試合。つまり6チームが5試合を行うので6×5＝30試合。

でも、Aから見たBとの試合と、Bから見たAの試合は同じ試合。そこで÷2をするのだ。つまり試合数は15試合になる。

式にまとめると「出場者×（出場者−1）÷2」ということになる。

1ダースが12なのは分けやすいから

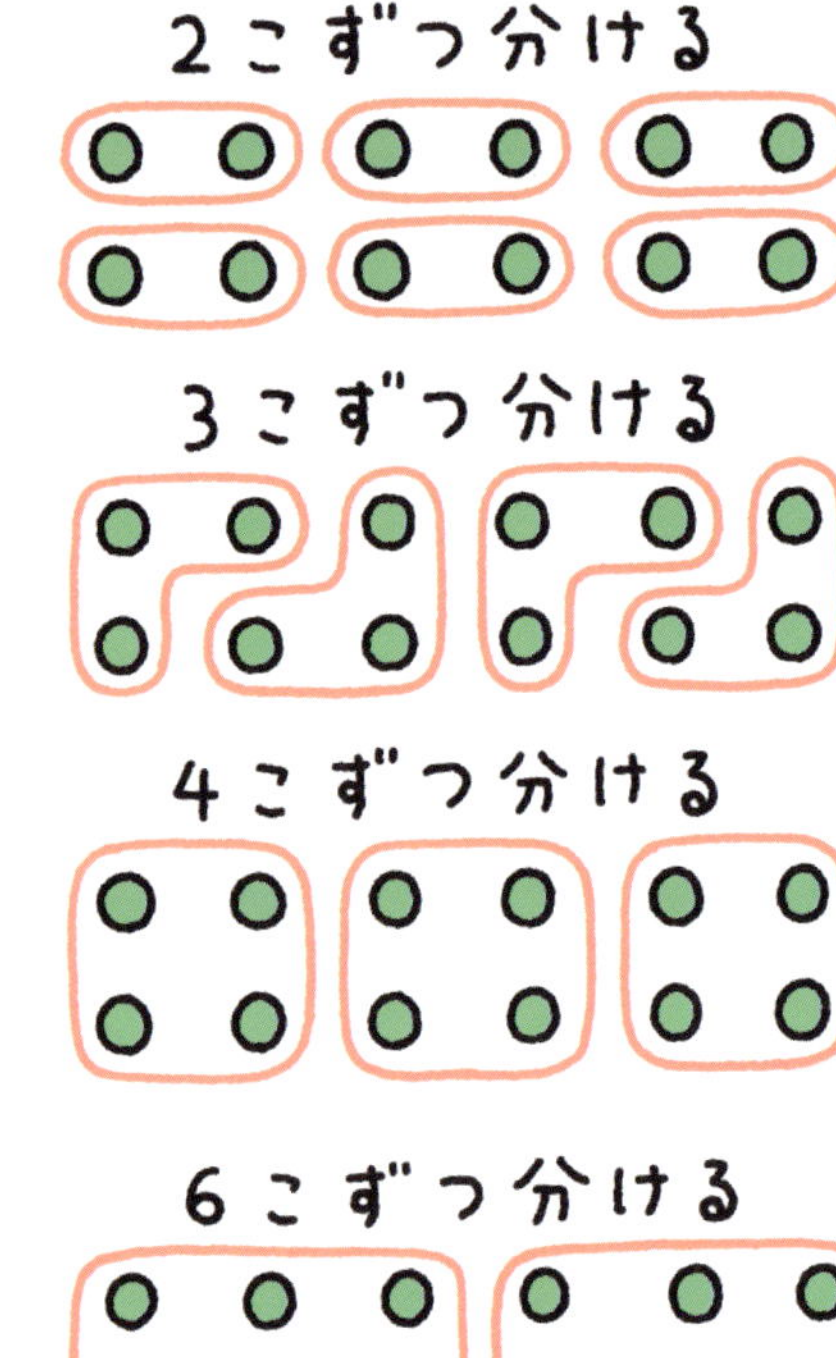

「ダース」という「12」個を1組として数える単位がある。これは、鉛筆1セットや、お菓子、ビールなどにも使われることが多い。

でも、なんで1組「12」なんだろう。身の回りには「10」で区切るものが多いから、「10」の方が数えやすい気がする。それでも「12」がいい理由は「分けやすい」からだ。

たとえば、「10」を分ける場合は、2と5でしか分けられないよね。3とか4ではあまりが出てしまう。

これが「12」だったら、2と3と4と6の4通りに分けることができるんだ。最初から12が1セットだと、あまりが出にくくて便利なんだよ。

kgやkmのkは
1000倍という意味がある

重さの単位「kg」や、長さの単位「km」のように、「k」がついているものがあるね。あの「k」にはどんな意味があるんだろう？

答えは、「1000倍」。

そもそもあの「k」の由来をたどっていくと、ギリシャ語の「khilioi」にいきつく。その意味こそ、「1000」なのだ。

だから、1gの1000倍が1kg、1mの1000倍が1kmということになる。

ちなみに重さや長さの単位には、「mg」や「mm」があるよね。あの「m」は「1000分の1（0・001倍）を表しているよ。

ケーキ数、友愛数、タクシー数などおもしろい名前の数がある

数には、おもしろい名前がつけられているものがあるよ。

まず、美味しそうな「ケーキ数」。これは、ケーキをスライスするように、立方体をまっすぐ切ったとき、切り分けられてできる最大数だ。

切らなければ個数は「1」。1回切れば「2」、2回で「4」……1、2、4、8……という並びになるよ。

「友愛数」は、「ちがうふたつの自然数の組で、自分自身をのぞく約数（わり切れる数）の合計が、互いに他方と同じになる数」のこと。たとえば「220と284」がそうだ。

220の約数で220以外は1、2、4、5、10、11、20、22、44、

55、110で合計は284。で、284の約数で284以外は1、2、4、71、142で合計は220になる。

最後に「タクシー数」。これは73ページで紹介した数学者ラマヌジャンが指摘した数。

彼の友人が「乗ったタクシーのナンバーが1729で、つまらない数字さ」と言うと、ラマヌジャンは「そんなことはない。1729は12×12×12＋1×1×1＝10×10×10＋9×9×9。1から1728までにこの形（A＝B×B×B＋C×C×C＝D×D×D＋E×E×E）で表せる数はない」と返して、その名がついたんだ。

ひと休みコラム

口に出したくなる かっこいい数学用語

内容についてはむずかしいので、考えるな！
言葉の響きだけを感じるんだ！

チェビシェフのかたより

部分分数分解

インテグラル

カタストロフィー理論

ネイピア数

背理法

ブラック・ショールズの偏微分方程式

スクーフ・エルキス・アトキン・アルゴリズム

コーシー・シュワルツの不等式

ゴールドバッハ彗星

中国剰余定理

ウラムの螺旋

3章

不思議な算数

数の並びが不思議なフィボナッチ数列

800年ほど前の数学者フィボナッチが発見した、1、1、2、3、5、8、13……という不思議な数の並び「フィボナッチ数列」。

パッと見には何が不思議なのか、よくわからない。でも、ここにはきちんとした決まりがあるんだ。

89ページ上の図を見て。フィボナッチ数列の最初は「1」、次も「1」で、そのあとは「2」。この「2」は直前の「1」と「1」をたした数だ。「2」のあとの「3」は、やはり前の「1」と「2」をたした数。次の「5」も「2」と「3」をたした数。

このように、前のふたつの数をたすごとに増えるという特徴がある。

ほかにも、数列の1番目、3番目、5番目……と、奇数番目の数をたしていくと、最後にたした数列の数の次の数列の数が答えになる。ややこしいので具体的に言うと、奇数番目の「1＋2＋5」なら「8」。「8」は数列で「5」の次の数だね。

また、不思議なのは、この数列が自然界にひそんでいるということ。

たとえば、ヒマワリの種は中心から外に向かう、うずまき状になっている。そのうずの列を数えると、時計回りの場合21本、反時計回りの場合34本で、フィボナッチ数列になる。

また、花びらの枚数などにも、この数列の数が見られるよ。

前のふたつの数をたすと次の数になる

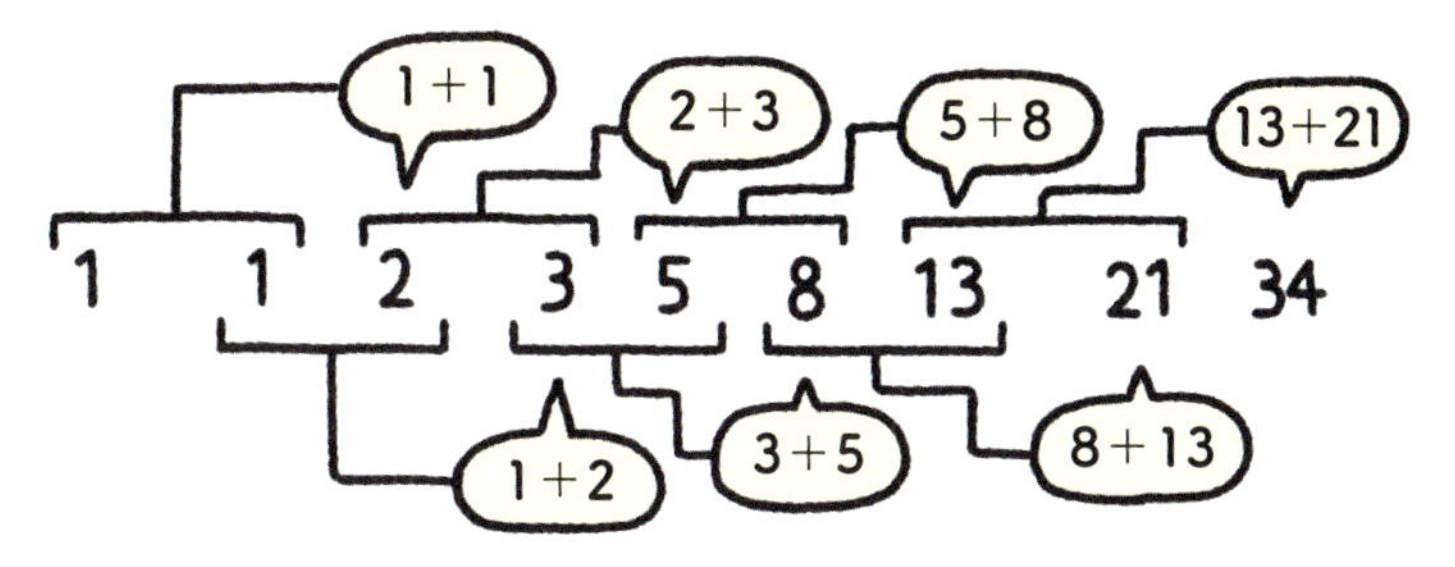

ヒマワリの種に表れるフィボナッチ数列

花びらの枚数もフィボナッチ数列

サクラ（5枚）　コスモス（8枚）

フィボナッチ数列は自然界の神秘を感じさせるね

123456789を並べかえた数字はすべて3でわりきれる

これはつまり、数字の並びを逆にした987654321であっても、でたらめに並べかえた481635297であっても、あまりなし、3でわりきれちゃうんだ。

まさか……と疑っているきみ、並べかえた数字のぜんぶの組み合わせを試そうなんて思うと後悔するぞ。なんてったって36万2880通りもあるのだから。きりがないね。

では、なぜ3でわりきれるのかというと、77ページで見たように、数は、各位を足した数が3の倍数になれば3でわりきれる性質があるからだ。1～9までの和は45で3の倍数。だから3でわれるんだ。

数字の最初に使われる数字は「1」がいちばん多い

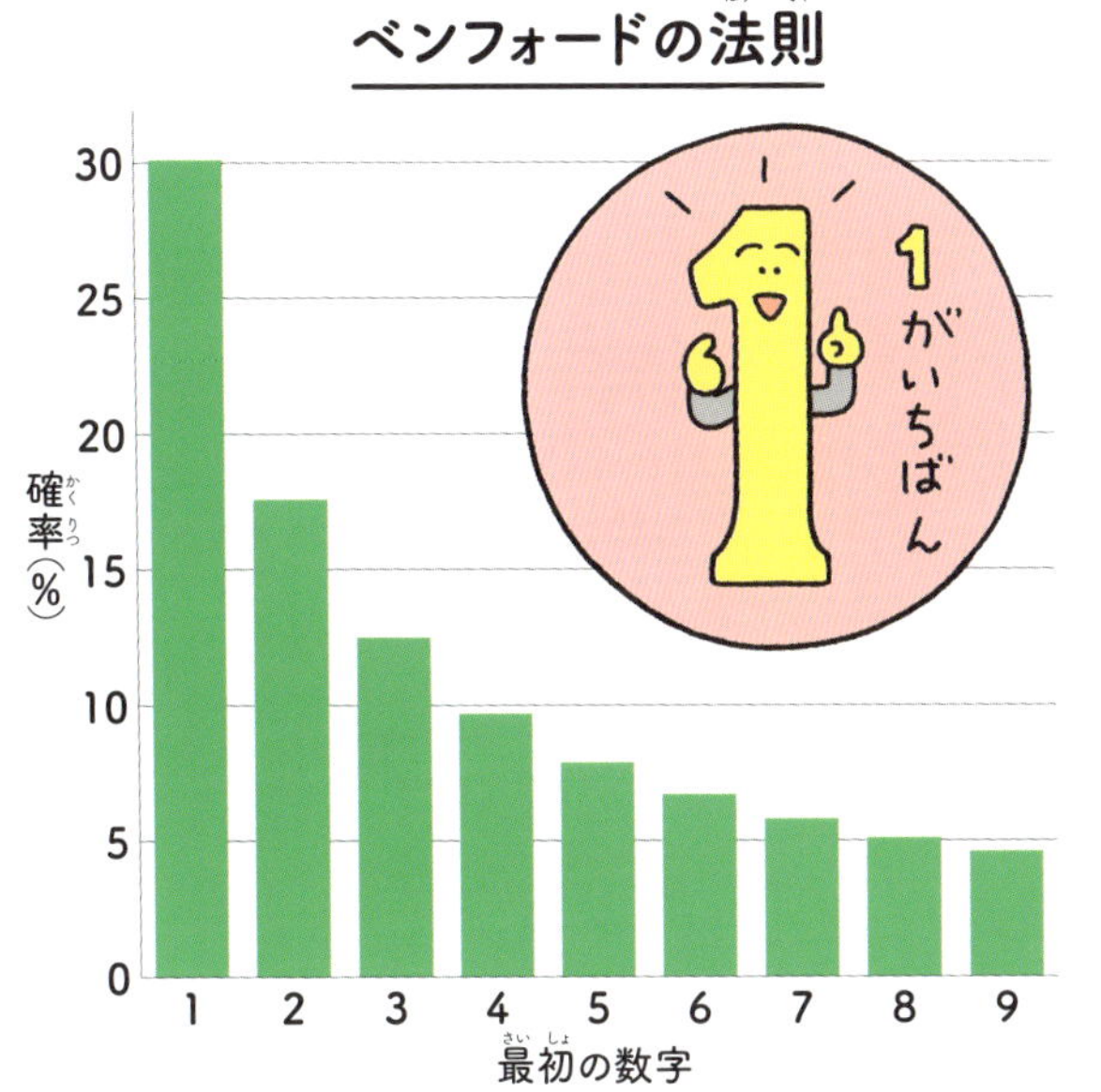

世の中には、いろんな数があるよね。世界の人口、電気の料金、株価やスポーツの成績など。

それらの数の並びで、先頭になることが、いちばん多い数字は何か？

いろんな数字があるのだから、とくに決まりなんてなさそうに思えるけど、そうじゃない。

じつは「1」で始まる確率は30・1％と高いのだ。続いて「2」が17・6％で、「3」が12・5％とだんだん低くなり、「9」は4・6％。

これを「ベンフォードの法則」というんだけど、なぜ、この法則がなり立つのか、きちんとはわかっていないんだ。不思議だね。

3ケタなら495 4ケタなら6174が必ず出現する計算方法がある

「634」の場合

最大　最小
643 − 346 ＝297

最大　最小
972 − 279 ＝693

最大　最小
963 − 369 ＝594

最大　最小
954 − 459 ＝495

いきなりだけど、3ケタの好きな数を言ってみて。ただし、3ケタぜんぶがちがう数ね。

次に、その3ケタの数を並べかえて、最大の数と最小の数を作り、ひき算してみよう。出た答えで、同じことをくり返す。

やっていくうちに、必ず「495」になっちゃうんじゃない？

同じように、4ケタの数でもやってみよう。やはり4ケタぜんぶがちがう数でね。

どうだっただろう？　この場合の答えは「6174」が現れたのではないだろうか？

このような、自分で決めた3ケタ

や4ケタの数で、数字の大きい順と小さい順に並べかえて、ひき算を何回かくり返す。すると必ず現れる決まった数を、「カプレカ数」というんだ。発見したインドの数学者カプレカルの名前が由来だよ。

カプレカ数はこれまでに、3ケタでは「495」、4ケタでは「6174」、6ケタでは「549945」と「631764」、9ケタでは「554999445」と「864197532」があるなど、ぜんぶで20個が見つかっているんだ。

ちなみに、1ケタ、2ケタ、5ケタ、7ケタなど、カプレカ数がないケタもあるよ。

12345679に9の倍数をかけると答えがおもしろい

やってみよう！

12345679×9
＝111111111

12345679×18
＝222222222

12345679×27
＝333333333

12345679×36
＝444444444

「12345679」だから「8」はないよ

九の9の段の答えは、当たり前だけど9の倍数だね。

さて、その9の倍数を、「12345679」にかけてみよう。やることはそれだけ。どうなった？

「18」をかければ「222222222」、「81」をかければ「999999999」と、それぞれの答えは、同じ数が9個並んだものになる。

なぜこんなことになるのかといえば、理由はかんたん。「9」をかけると、答えは「111111111」と、ぜんぶ1並びの数となるからだ。で、2並びになる「18」は「9×2」だし、9並びになる「81」は「9×9」。みんなその倍数だからだよ。

1089に1ケタの数をかけると不思議現象が見えてくる

計算すると不思議現象が起きる数字に「1089」がある。

たとえば、「1089」に「×2」をすると「2178」。「×8」をすると「8712」。数の並びが逆になる。

それだけならただの偶然っぽいけど、「1089」に「3」と「7」、「4」と「6」、「1」と「9」をかけた場合も同じことが起きるんだ。

また、たとえば「456」と「654」のように、3ケタの数とその並びを逆にした数で、大きい方から小さい方を引く。その答えと、答えの数の並びを逆にしたもの（この場合「198」と「891」）を足しても「1089」が現れるよ。

電卓の数をある順でたすと答えはみんな2220になる

電卓を使った、不思議な計算遊びがあるよ。電卓の数を決められた順にたすと、答えは必ず「2220」になるというものだ。

もう、これ、やってみればわかることだから、やり方を説明するよ。

まず、電卓の数のキー（もしくは97ページの上の図）を見て。「5」を囲むように、「9」から時計回りに「9、6、3、2、1、4、7、8」と並んでいるよね。

「9」から時計回りの順に、3つの数を3ケタの数として、4つたすんだ。つまり、「963」＋「321」＋「147」＋「789」ね。答えは「2220」だ。

これ、反時計回りにたしていっても、同じく「2220」になる。

今度は97ページの中段の図のように、数のキーの角や辺の中の数4つで、それぞれ同じ数を使って3ケタの数字を作ってたす。もしくは、数のキーの対角線の数や十字の数でそれぞれ3つずつで3ケタの数字を作ってたす。答えは「2220」。

なぜ、こんなことが起きるかというと、それぞれの計算を筆算した場合、たて方向の数の合計は、1の位も10の位も100の位も、いずれも「20」になるからだ。

つまり、「20×100＋20×10×20×1＝2220」というわけ。

右回り

963＋321＋147＋789

＝2220

左回り

987＋741＋123＋369

＝2220

角の数	辺（へん）の中の数	対角線の数	十字の数
7 8 9 / 4 5 6 / 1 2 3	7 8 9 / 4 5 6 / 1 2 3	7 8 9 / 4 5 6 / 1 2 3	7 8 9 / 4 5 6 / 1 2 3
111＋333＋999＋777＝2220	222＋666＋888＋444＝2220	159＋357＋951＋753＝2220	258＋456＋654＋852＝2220

たて方向の数の合計は全部20

	3	2	1
	1	4	7
	7	8	9
＋	9	6	3
2	2	2	0

	1	5	9
	3	5	7
	9	5	1
＋	7	5	3
2	2	2	0

＼ひと休みコラム／

なんだか不思議な話①

アキレスはカメに追いつけない！

　足の速さがじまんの英雄アキレスに、足がおそい動物でおなじみのカメが、かけっこ勝負をいどんだんだ。

　足がおそいカメにハンデをあたえ、カメはアキレスより前からスタートする。それでもアキレスが勝つ……と思いきや、アキレスは不思議なことにカメにまったく追いつくことができないのだ！　なぜ？

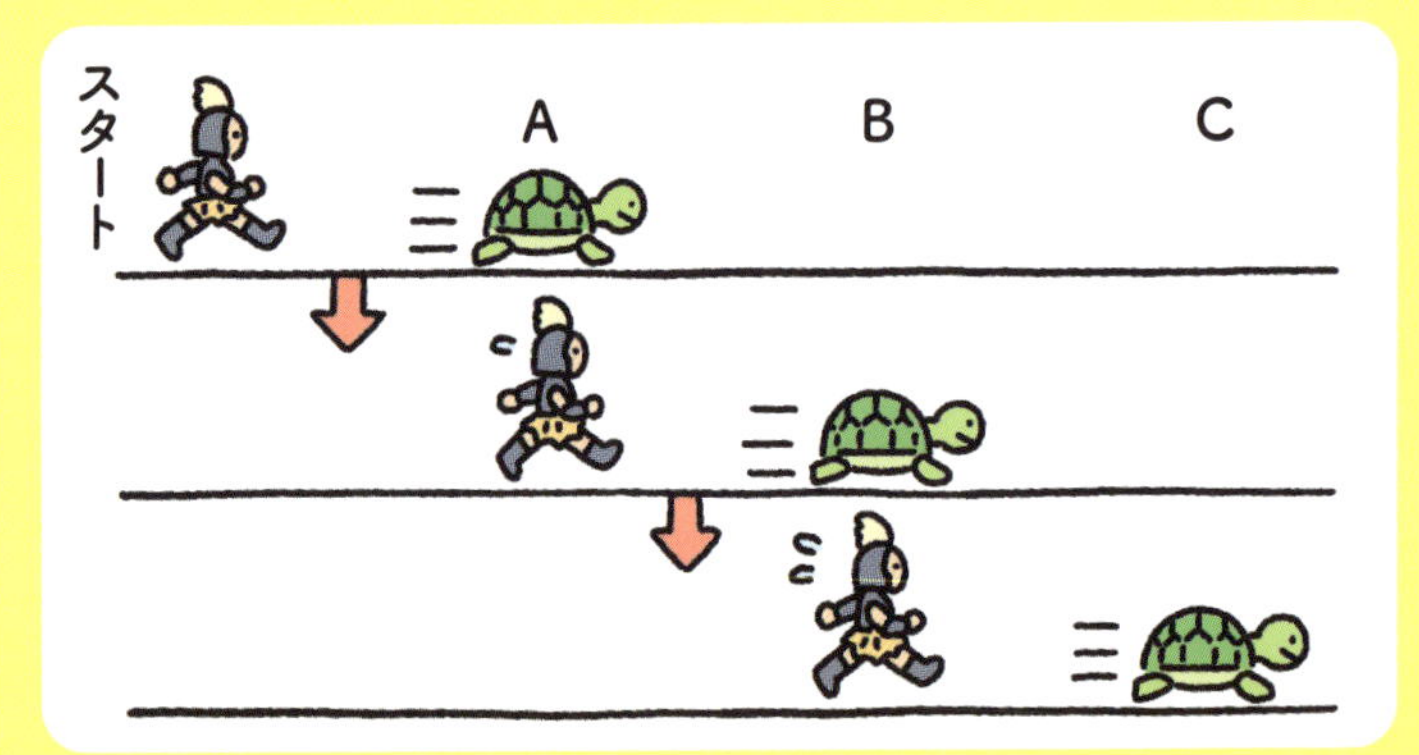

　アキレスとカメの話を、図に表してみよう。すると、アキレスがカメのスタート地点(A)に来たときには、カメはすでに先のB地点にいる。アキレスがB地点に来たときには、カメはさらに先のC地点にいる。このくり返しだ。

　じつはこれ、「アキレスがカメに追いつく直前」までの話に限れば、おたがいのスピードは関係ない。だから追いつく直前は絶対に追いつけない。という結論になる??

「アキレスとカメ」や「飛んでいる矢」のように、
一見正しいような、でもおかしな結論を
「パラドックス」という

飛ぶ矢はじつは飛んでいない！

弓で矢を、的に向けて放ったとき、じつはその矢は〝飛んでいない〟!?

いやいやいや、そんなこと、ふつうあり得ないよね。放った矢が的に当たらないことはあれど、飛んでいないだなんて。これは、右の「アキレスとカメ」の話を考えた古代ギリシャの哲学者ゼノンが言い出したことなんだけど、いったいどういうこと？

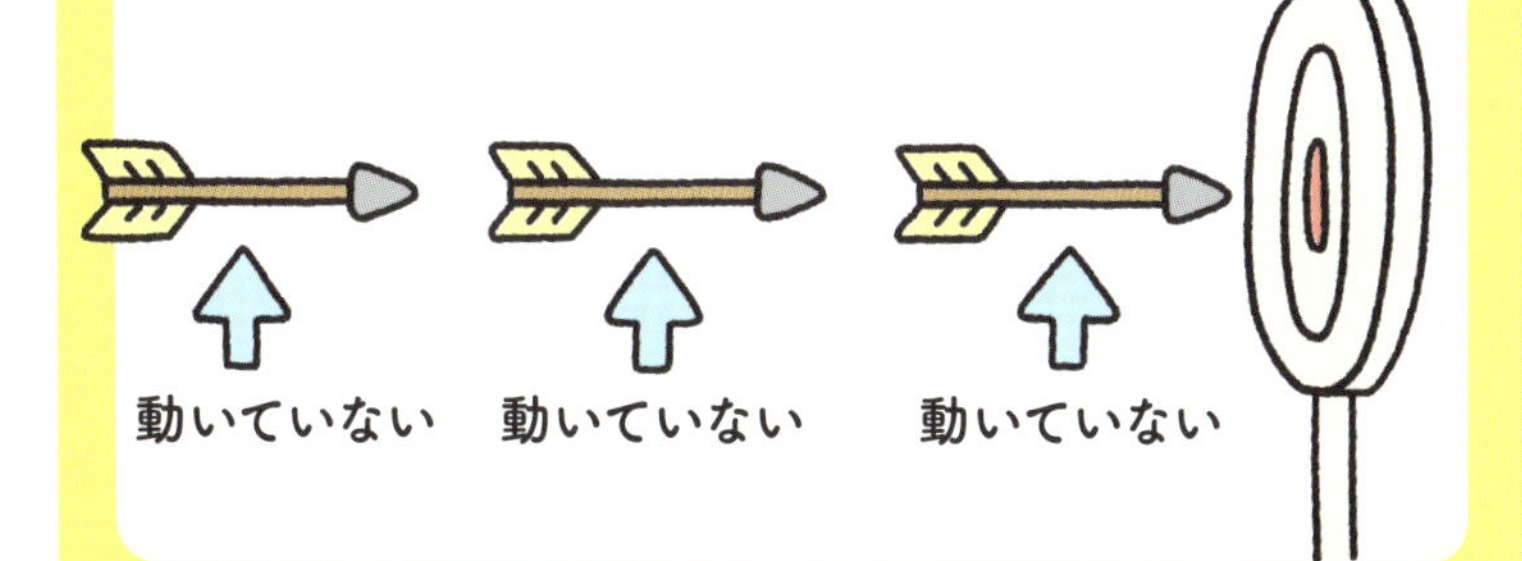

これも図で考えてみよう。実際、矢は飛んでいる。しかし——飛んでいる矢の一瞬を切り取ったならば、矢は動いていないことになるよね。そして、的に向けて放たれた矢は、この〝矢が動いていない一瞬〟の積み重ねでできている。つまり動いていない矢をいくら集めたところで、動いていないのだから、〝矢は飛んでいない〟ということになるのだ。ん？

くるくる回る不思議な数142857

142857

×2 = 285714

×3 = 428571

×4 = 571428

×5 = 714285

×6 = 857142

くる

くる

「ダイヤル数」と呼ばれる性質をもつ数がある。どんな性質なのか、その代表的な数「142857」で見てみよう。

「142857」を1～6の数でかけ算する。すると、その結果はどうなるか？　を上に示した。

なんとなんと、「142857」に1ケタの数をかけた答えは、「142857」が同じ順番で並び、くるくると回っているのだ。

つまりダイヤル数とは、×2、×3、×4……とかけ算したとき、各ケタの数の順がくずれない数なんだ。

ちなみに×7だと、くるくる回る数にならない。ではどうなるかとい

1÷7＝
0.142857142857

2÷7＝
0.285714285714

3÷7＝
0.428571428571

4÷7＝
0.571428571428

5÷7＝
0.714285714285

１４２８５７は「奇跡の数」なんて呼ばれることもあるよ

うと、「999999」になっちゃうんだ。

さて。今度は、1〜6の数を「7」でわり算してみよう。

え？「142857」と関係ない計算じゃないかって？ まあまあ。とりあえず、1÷7をやってみよう。

すると、「＝0.142857142……」と、わり切れない数になるんだけど、よく見て。

答えの中に「142857」がくり返されていることがわかるよね。

2〜6をわっても、いずれもわり切れない数の中に、ダイヤル数「142857」がくるくると同じ順番で並ぶんだ。

まだある142857の不思議な規則性

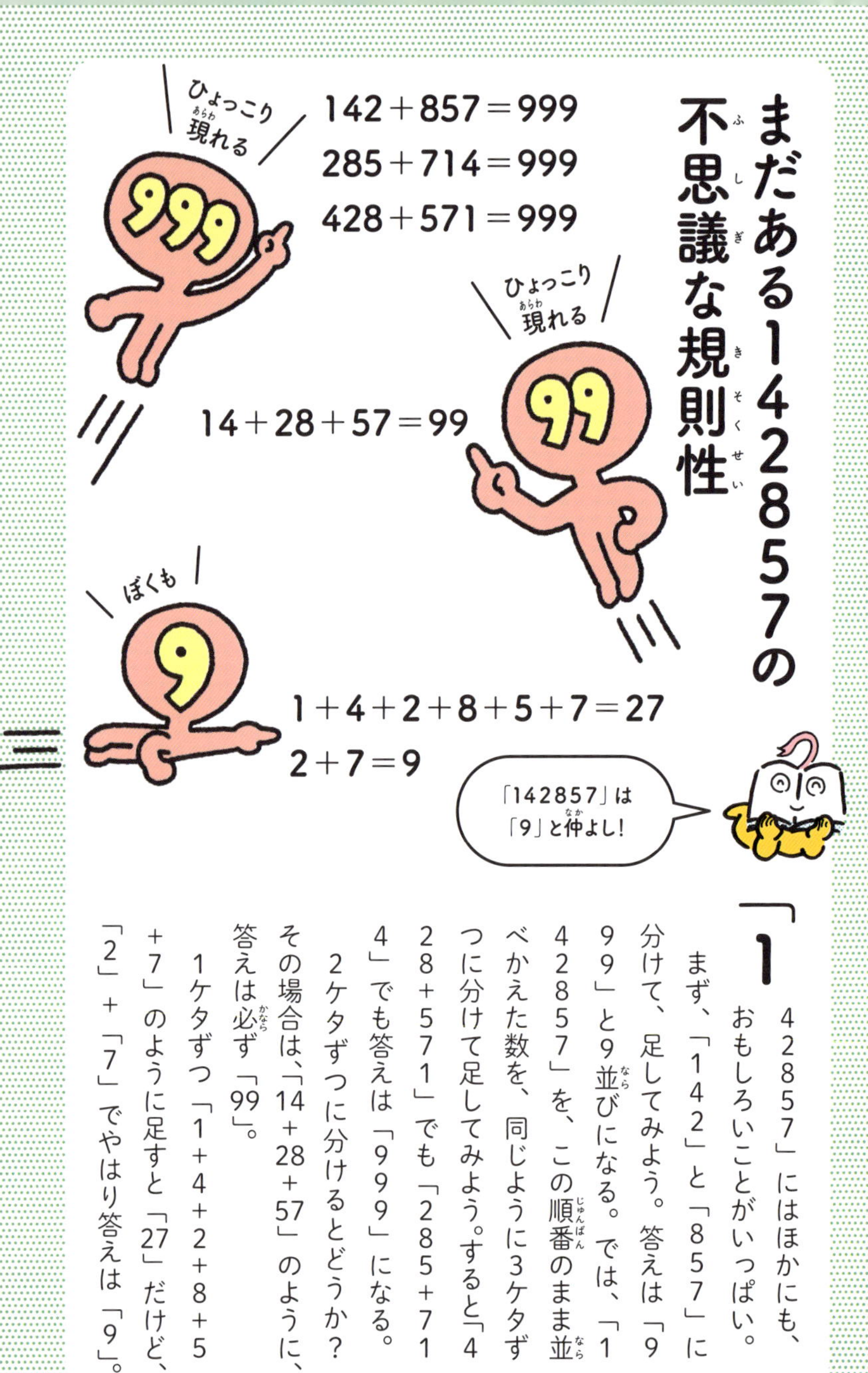

「142857」にはほかにも、おもしろいことがいっぱい。

まず、「142」と「857」に分けて、足してみよう。答えは「999」と9並びになる。では、「142857」を、この順番のまま並べかえた数を、同じように3ケタずつに分けて足してみよう。すると「428＋571」でも「285＋714」でも答えは「999」になる。

2ケタずつに分けるとどうか？その場合は、「14＋28＋57」のように、答えは必ず「99」。

1ケタずつ「1＋4＋2＋8＋5＋7」のように足すと「27」だけど、「2」＋「7」でやはり答えは「9」。

九九の9の段の答えは10の位と1の位をたすと必ず9になる

9×1＝9
9×2＝18 → 1＋8＝9
9×3＝27 → 2＋7＝9
9×4＝36 → 3＋6＝9
9×5＝45 → 4＋5＝9
9×6＝54 → 5＋4＝9
9×7＝63 → 6＋3＝9
9×8＝72 → 7＋2＝9
9×9＝81 → 8＋1＝9

9の段の1の位は
987654321、
10の位は012345678だ

九

九の9の段は、答えの10の位と1の位を足すと「9」！

たとえば、「9×2＝18」。10の位「1」と1の位「8」を足すと「9」になるでしょ。「9×7＝63」も、「6」＋「3」で「9」だ。

このような不思議があるのは、九九の中でも9の段だけなんだ。

また、9×5＝45、9×6＝54を境に、10の位と1の位が反対になる。つまり、9×5より前の9×4と9×6よりあとの9×7がペアで、答えは36と63。9×3と9×8がペアで答えは27と72。

また、それぞれのペアの答えを足すと「99」になる。

連続する数10個の合計は、5番目の数に5をつけるだけでわかる

今から出す計算問題、電卓を使わず、筆算もせず、答えを5秒で求められるかな？

「1＋2＋3＋4＋5＋6＋7＋8＋9＋10」

正解は「55」。まあ、暗算でもできちゃったかもしれない。

では、第2問。「11＋12＋13＋14＋15＋16＋17＋18＋19＋20」ならどうだろう。

正解は「155」だ。5秒で答えるのは難しかっただろうか？

さて。ここで、最初の問題と第2問には、共通点があることに気づかないかな？　じつはどちらも、「連続する10個の数」なんだ。

そして！　もうひとつ気づかないかな？　どちらの問題の答えも、「5番目の数」の終わりに「5」をつけたものだということを！

そう。このような連続する10個の数を足す計算の場合、5番目に来る数をおさえちゃえば、計算の必要すらないのだ。

これはケタ数がちがっても同じ。

たとえば左のように、4ケタの連続する10個の数のたし算「3115＋3116＋3117＋3118＋3119＋3120＋3121＋3122＋3123＋3124」なら「3119」の終わりに「5」をつけて、「31195」ってわけ。

2ケタ

5番目

11＋12＋13＋14＋**15**＋16＋17＋18＋19＋20

→15に5をつける＝155

3ケタ

5番目

210＋211＋212＋213＋**214**
＋215＋216＋217＋218＋219

→214に5をつける＝2145

4ケタ

5番目

3115＋3116＋3117＋3118＋**3119**
＋3120＋3121＋3122＋3123＋3124

→3119に5をつける
＝31195

連続(れんぞく)する100個(こ)の数なら50番目の数に50をつけるんだ

3912657840は1〜9すべての数でわりきれる

「3912657840」という、「0〜9」まですべての数を1回ずつ使った数がある。

この数、0をのぞく1〜9までの1ケタの数すべてでわり算すると、わりきることができるんだ。

さらに！「3912657840」から「39」「91」「12」「26」「65」「57」……と、となり合った数を2つずつに分けた数を作ったとしよう。

この数で、「3912657840」をわったとしても、そのいずれの数でも、やはりすべてでわりきることができちゃうのだ。

それにしてもこんな性質をもつ数、だれが発見するんだろうね。

0.999……＝1

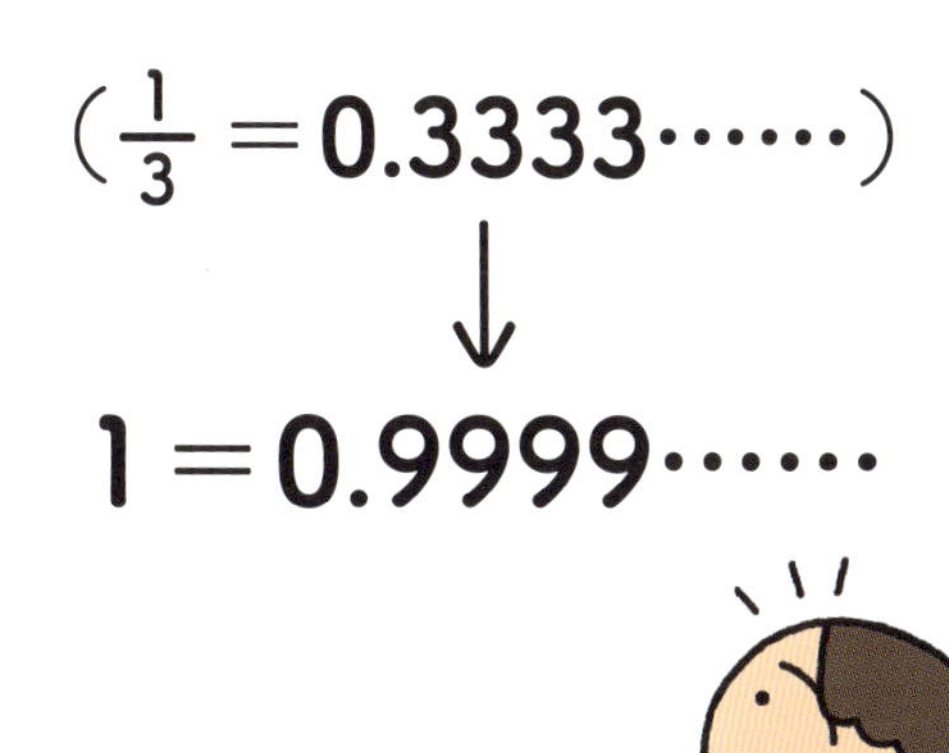

0・9999……は、9が無限に続く数だ。つまり、限りなく1に近い数でもあるんだけど、算数の世界では、なんと「0・9999……＝1」になっちゃうのだ。

順を追って説明しよう。

まず、分数の「3分の1」。これは、「1」を「3」でわった数だね。で、1÷3＝0・3333……だ。

そして、3分の1＝0・3333……をそれぞれ3倍する。すると、3分の1×3＝1、0・3333……×3＝0・9999……。つまり「0・9999……＝1」ということになる。

＼ひと休みコラム／

なんだか不思議な話②

理容師は自分のひげをそる？ そらない？

ある村には、たった1軒の理髪店しかなかった。

理髪店の理容師はこだわりの男で、①〝自分でひげをそらない村の人〟のひげはそることを使命としている。でも、②〝自分でひげをそる村の人〟のひげはそらないと決めている。

さて、この村の理容師は、自分のひげはどうするのかな？

この村の理容師が、ひげを自分でそるとしよう。すると、②〝自分でひげをそる村の人〟のひげはそらないし、自分も村の人なのだから、矛盾する。だから、それなくなる。逆に、ひげを自分でそらないのなら、①〝自分でひげをそらない村の人〟のひげしかそらないわけで、そらなくてはいけなくなる。そうすると、②〝自分でひげをそる村の人〟になる……堂々めぐりだ。

このふたつの話のように、
自分や集団について言うとパラドックスが生じるのを
「自己言及のパラドックス」という

ワニから子どもを救うことはできるか？

父とむすこが、川で遊んでいた。するとそこに、巨大な人食いワニが現れ、子どもをくわえて父に言った──「オレがこれから何をするか、当てたら子どもを返してやろう。ただし、まちがえたらこのまま食うぞ」

結局、ワニは父の答えを聞くと、どうしていいかわからなくなってしまった。さて、父はなんと言った？

父はワニに「お前は私の子をそのまま食べるだろう」って言ったんだ。これ、考えてみて。もしワニが「それ正解」なんて言って、子どもを食べようとしたなら、父の答えが当たりとなり、子どもを返さないといけないことになるのだ。逆にワニが子を食べないのであれば、父は不正解で、ワニは子を食べることになり、父の答えが正解になるので矛盾が起きるんだ。

表も裏もない不思議なメビウスの輪

☆ メビウスの輪の作り方 ☆

① 細く切った紙や紙テープを1回ひねる

1回ひねる

②

くっつける

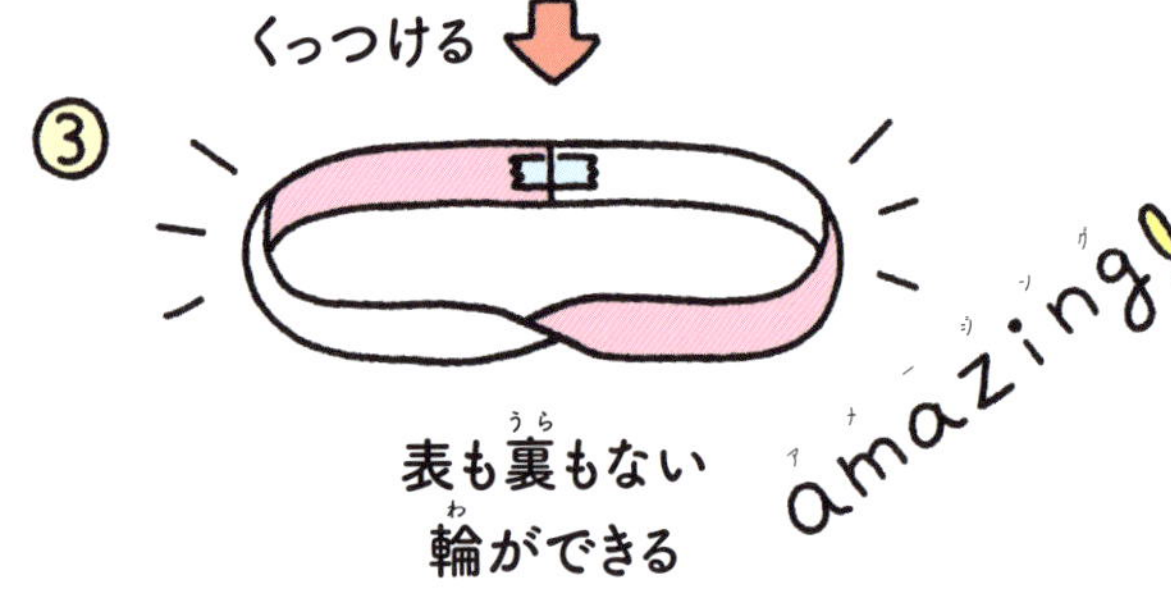

「メビウスの輪（帯）」っていう、不思議な輪がある。自分で作って不思議さを体験しよう。

作り方は超カンタン！　上の図のように、細長い紙などを1回ひねって、端と端をくっつけるだけ。

できあがった輪の表面をなぞるように、ペンなどで線を引いてみて。するとあれれ!?　線はいつのまにか、輪の表面から裏面を引くことになり、さらに引いている線は表面にもどってきてしまう。

つまり、この輪には、表も裏もないのだ！

メビウスの輪の不思議さは、これだけではない。

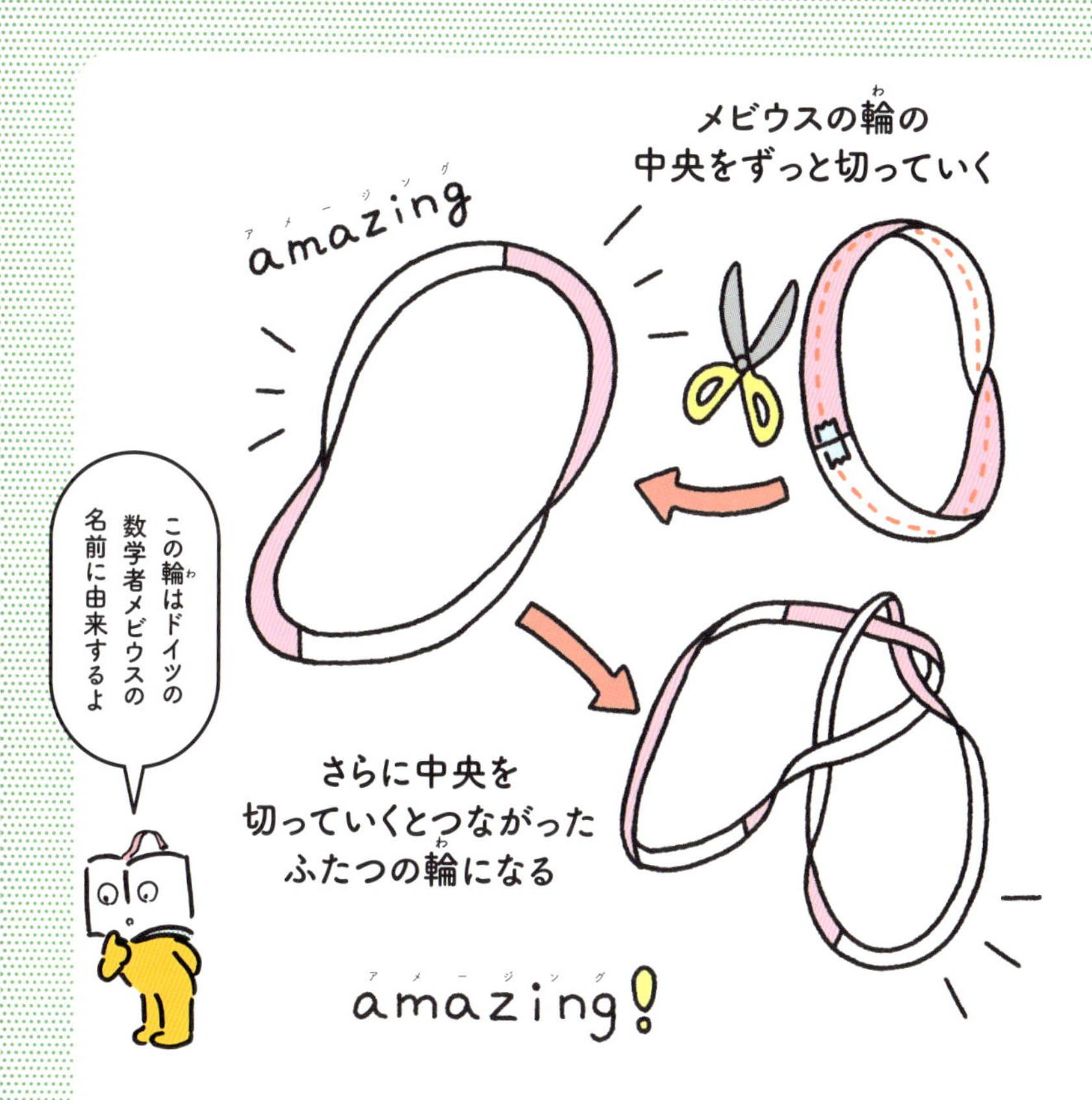

輪の中央にハサミを入れて、はばが半分になるようグルリと1周、切っていく。

ただの輪なら、元より細いものがふたつできるだけだよね。ところが、メビウスの輪だとふたつにならず、ひとつの大きな輪になる。

それで終わりじゃない。この大きくなった輪を、もう一度同じように半分に切っていく。すると、大きな輪が2つつながったものができるんだ。

ちなみに、メビウスの輪のひねりを2回に増やして作り、中央を切っていくと、くさり状につながったものができるぞ。

並べかえると
なぜか面積が増える
不思議な図形がある!?

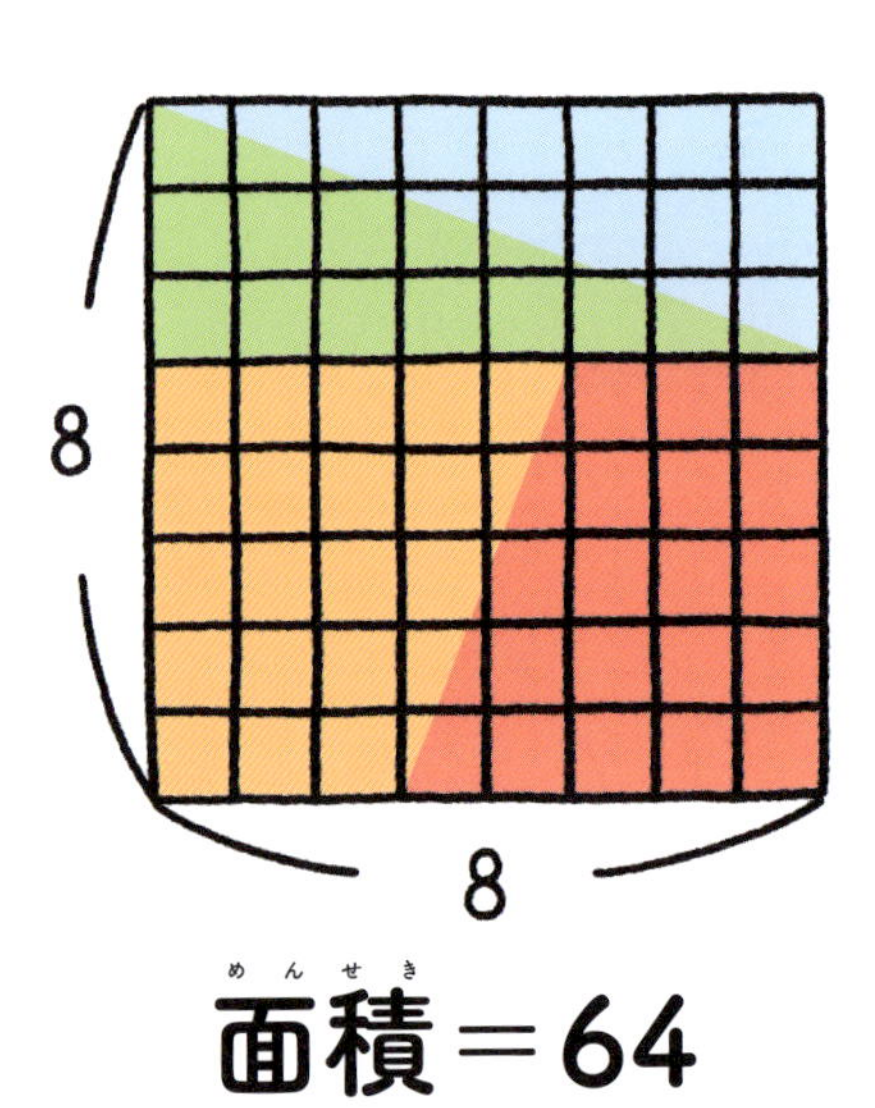

上の図のように、縦と横の長さが「8」の正方形がある。この正方形の面積は8×8＝「64」だ。

この図は今、4つのピースでできている。これを並べかえて長方形を作ったものが113ページ上の図だ。

縦の長さは「5」、横の長さは「13」なんだけど……ちょっと変だと思わない？　だって、面積は5×13＝「65」。正方形のときは「64」だったのだから、「1」増えている！

いったい、なぜこんな不思議なことが起きるのだろう……って思うかもしれないけど、これ、じつは、そもそも面積が65にはなっていない。

長方形の図に示した①〜②、②〜

並べかえると面積＝65（1増える!?）

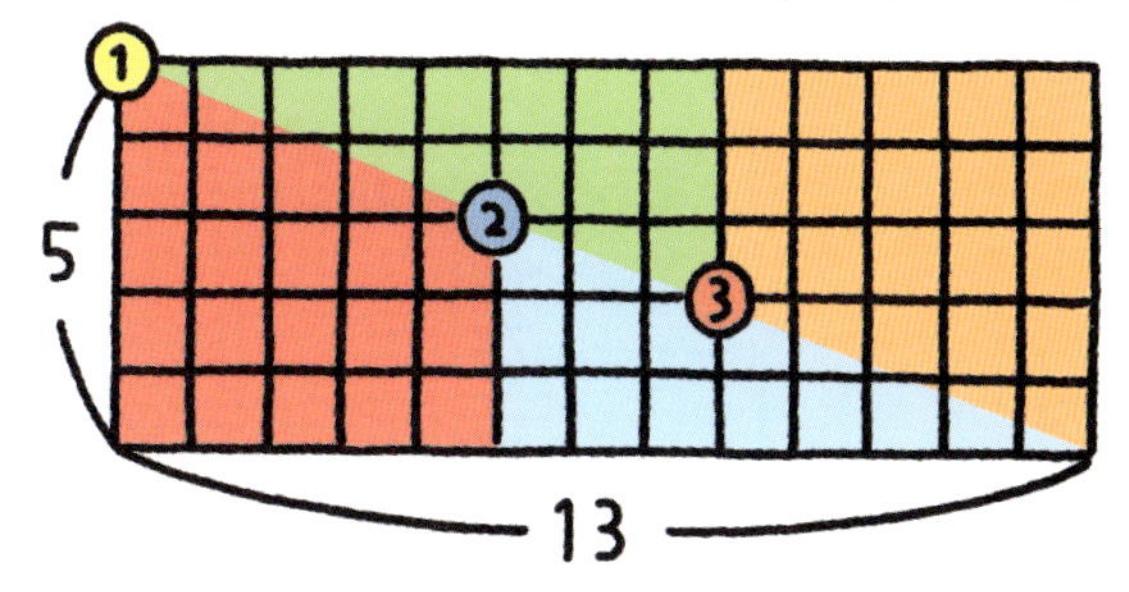

①～②と②～③は同じかたむきではない！

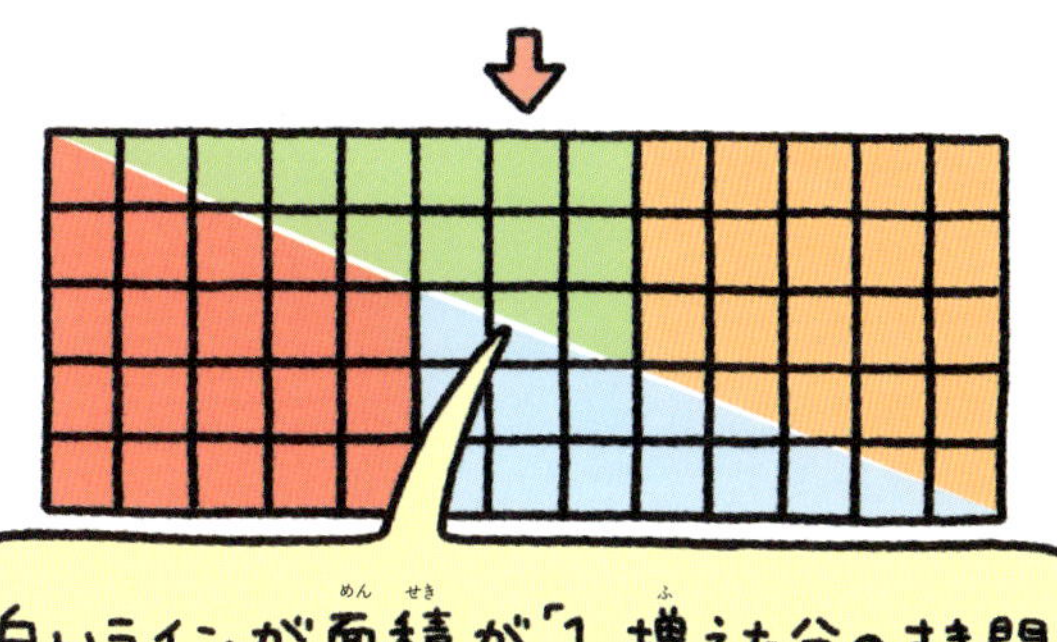

並べかえてできる長方形は正確な長方形じゃないんだ

③の直線を見てほしい。本当に直線なら、①～②の直線と、②～③の直線は同じかたむきになる。ところが、①～②の直線は、下に2、右に5進んでいる。②～③の直線は下に1、右に3進んでいる。もし②～③と同じかたむきで①～②が下に2進むなら、2倍になるので右に6進むことになる。ということは、①～②と②～③は直線のかたむきがちがうんだ。つまり、面積65の図形は長方形に〝見えるだけ〟で、長方形ではない。

元の正方形を並べかえて正しく表したのが下の長方形。対角線に白い部分がある。これはすき間で、すき間が面積「1」増えた分なんだ。

作ることが不可能な図形がある

「不可能図形」って知ってる？　立体化したものを実際に作ることが不可能な図形のことだ。

どんな図形なのか、代表的なものを見てもらえば、話は早いだろう。115ページの図を見てほしい。

まず、いちばん上の図。これは数学者のペンローズが考えた「ペンローズの階段」と呼ばれる図形だ。

一見すると、90度ずつ折れ曲がってできた階段でできている。よく見ると、この階段は、永遠に登り続けても高い所には行けないし、降り続けても低い所には行けない。ぐるぐると回り続けるのだ。

その下は、同じ数学者が考えた「ペンローズの三角形」だ。楽器のトライアングルのような形の、3本の四角柱からなる三角形だけど、よく見ると、どうつながっているのかわからない。

その次は、地質学者ネッカーの「ネッカーの立方体」。線で立方体を描いているけど、その線はどれが前でどれが後ろかわからない。見る人によっても感じられ方がちがうだろう。

最後は「悪魔のフォーク」。左端にはフォークの突起が3つあるように見えるが、右端にはふたつしかないように見えるのだ。

いずれも、図の立体化はできなさそうでしょ。

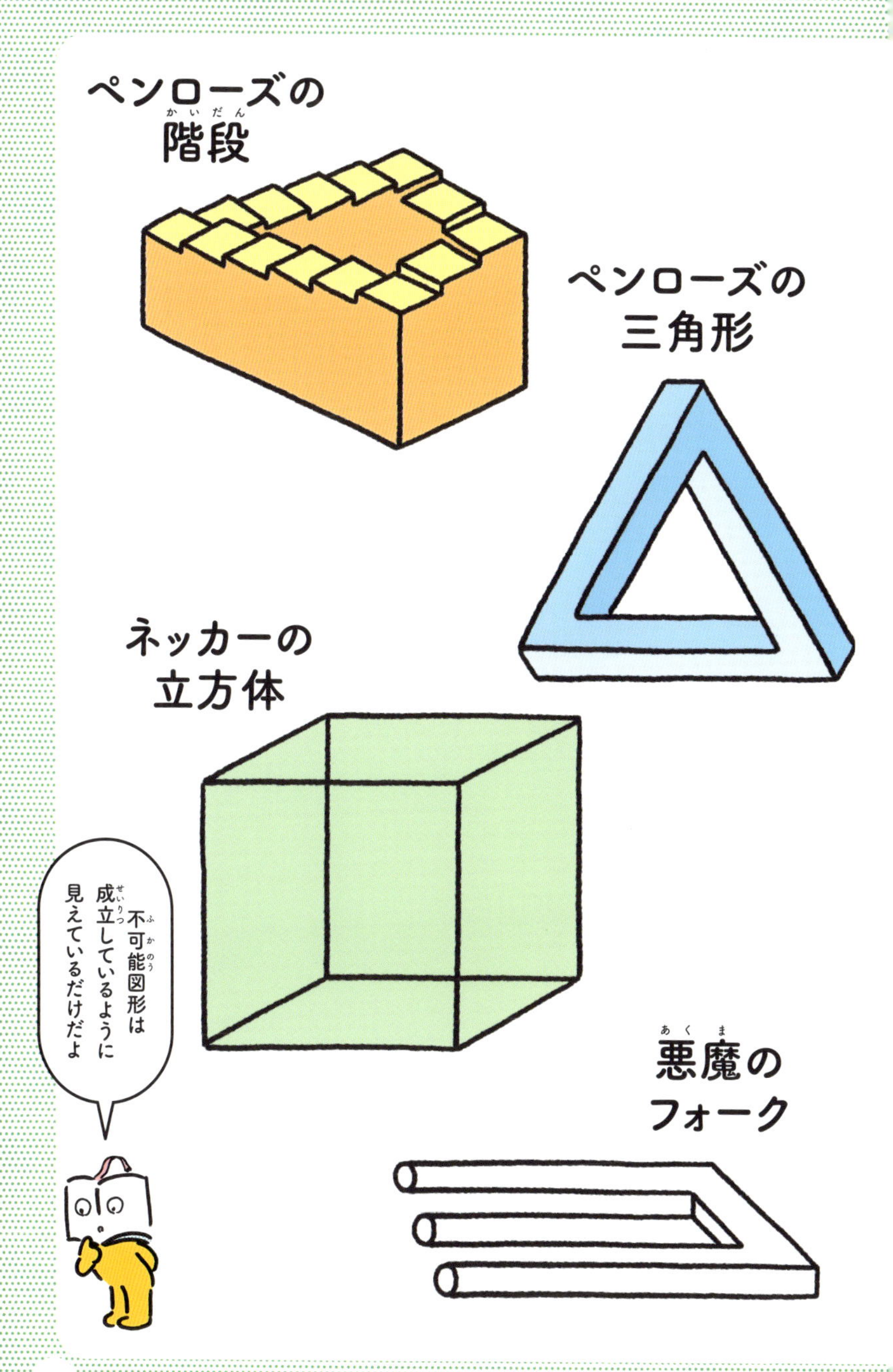
ペンローズの階段
ペンローズの三角形
ネッカーの立方体
悪魔のフォーク
不可能図形は成立しているように見えているだけだよ

17個のものを2分の1、3分の1、9分の1の3つに分ける方法がある

アラビア世界に昔から伝わる、算数クイズがある。どんな問題かというと——

あるとき、老人が、3人の息子に遺言を残して亡くなった。

遺言の内容は、老人のもっていた17頭のラクダを、

①長男には2分の1ゆずる
②次男には3分の1ゆずる
③三男には9分の1ゆずる

というものだった。

さあ、ここで問題発生！　17は2でも3でも9でもわりきれない。

3人の息子も頭をかかえる始末。

そこに、ちょうどかしこいお坊さんが通りかかり、「私のラクダを1頭貸してあげよう。それで問題解決だ」なんて言ったんだ。

するとどうだろう。

ラクダはとりあえず18頭になった。そのうち長男は2分の1の9頭をもらう。次男は3分の1の6頭をもらう。三男は9分の1の2頭をもらう。1頭あまるので、お坊さんに返すこともできる。めでたしめでたし。

不思議なようだけど、そもそも2分の1、3分の1、9分の1を合計して、18分の17頭をもともと分けようとしていたんだ。

そこで足りない分の、18分の1頭足すことによって、17頭を分けきることができたというわけ。

うーん
う〜ん
うーん
長男
$\frac{1}{2}$
9頭
次男
$\frac{1}{3}$
6頭
2頭
$\frac{1}{9}$
三男
18
1頭
$\frac{9}{18}+\frac{6}{18}+\frac{2}{18}=\frac{17}{18}$
老人が過不足なく分けられるように遺言を残してくれていれば……

美しいと感じさせる比率がある

2

400年ほど前の古代ギリシャで作られた「ミロのビーナス」は「世界一美しい女神像」とか。

古代から、多くの人がこの彫像を美しいと感じてしまう、その秘密は、「黄金比」にある！

黄金比は、縦と横の長さ、もしくは上と下の長さが「1：1・618」（約5：8）のバランスのこと。

ミロのビーナスは、頭の先からへそまでの長さと、へそからつま先までの長さが、黄金比になっている。

また、同じくギリシャの「パルテノン神殿」やフランスの「凱旋門」の形、世界一有名な絵画「モナリザ」の顔のバランスなどにも、黄金比は使われている。この比率がなぜ美しいと感じてしまうのか？

人は自然を見ると美しいと感じることが多いよね。そして、植物の葉の模様や生き物の形、台風のうずなど、自然の中には黄金比が多く見られる。だから、黄金比は、美しく見えるのだとか。

また、日本には黄金比と並び、美しいとされる「1：1・414」の「白銀比」がある。

これは、昔から建築などにも使われ、奈良県にある法隆寺の金堂や五重塔がそうだ。また現代でも東京スカイツリーも白銀比になっているんだ。

黄金比(おうごんひ) 1:1.618

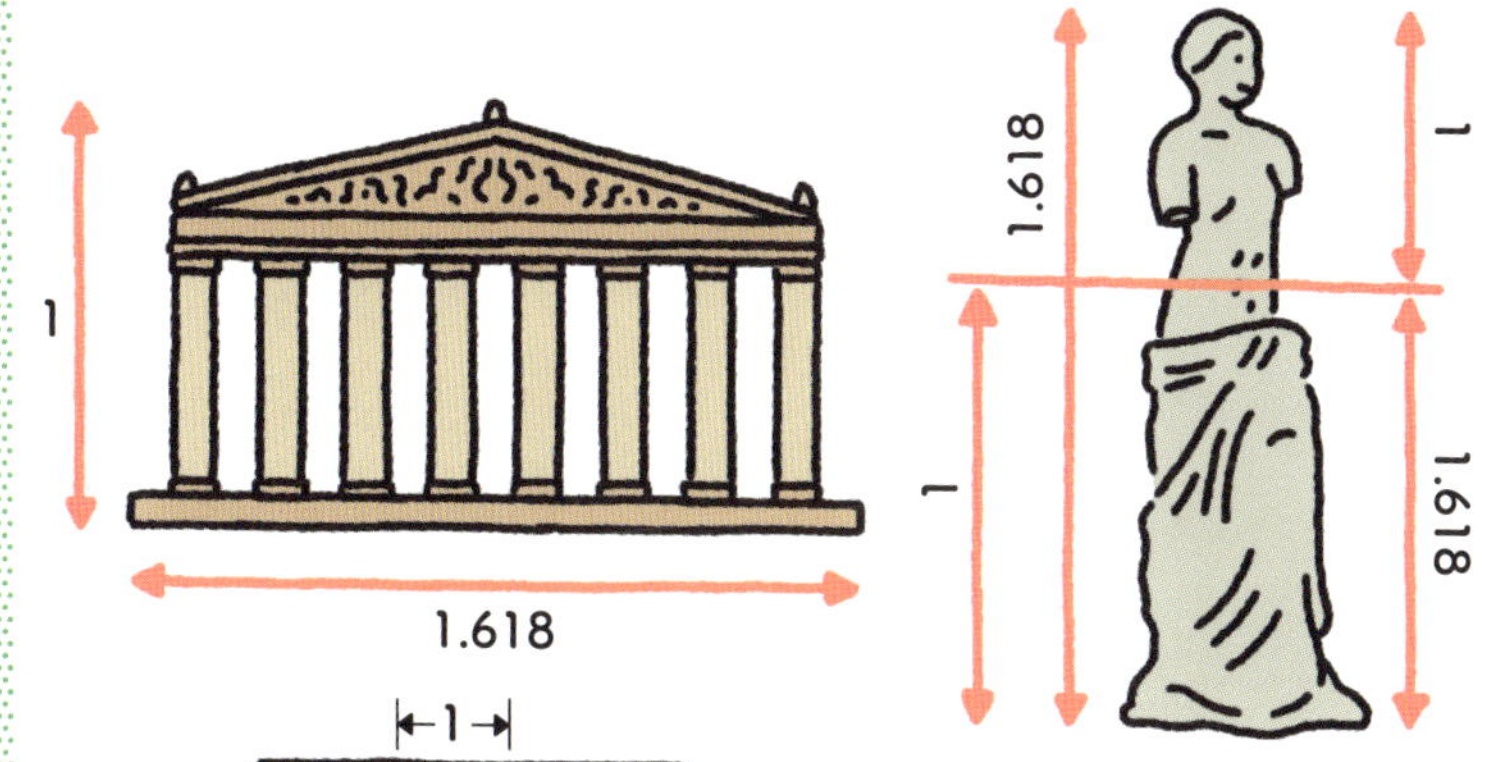

コピー用紙のA4など
Aサイズの紙は白銀比(はくぎんひ)だよ

白銀比(はくぎんひ) 1:1.414

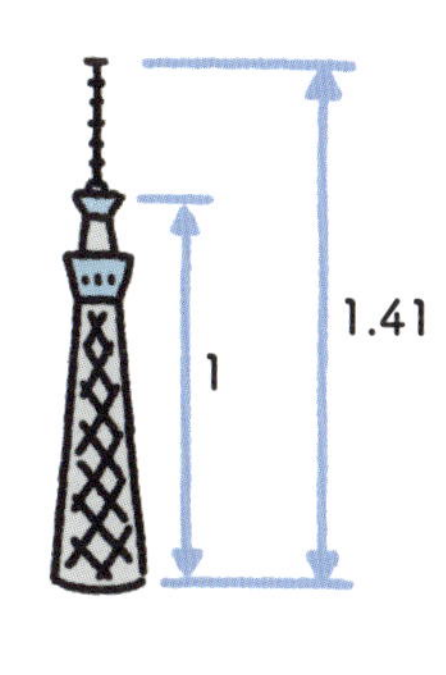

＼ひと休みコラム／

なんだか不思議な話③

無限に客が泊まれるホテルが満室……しかし！

そこは、無限に客室があるホテル。「無限」とは、数や量に限りがないこと。つまり、このホテルはどんな人数でも泊められるのだ。

ところが！　ある日、そのホテルは無限の人数の客が泊まっていたので、満室だった。空いている部屋はひとつもない。そこに新たにひとりの客が来た。この客、はたしてホテルに泊まれる？

これ、ホテルが満室でも楽勝。だって、無限に客室があるのだから。たとえば、1号室の客は2号室に、2号室の客は3号室にと、宿泊客全員に今泊まっている部屋番号より1つ大きな部屋番号の部屋に移ってもらうのだ。すると無限の客が部屋を移ることで、1号室が空き、泊まれるようになる。

新たに無限の客が来たって泊まれるよ！

4章

挑戦！ 算数クイズ

Chapter

算数ピラミッドを完成させよう！

それぞれの算数のピラミッドは、
かけ算やたし算を使った式でできている。
計算してピラミッドを完成させよう。おもしろい答えが出るよ。

1

$3 \times 9 + 6 =$ □□

$33 \times 99 + 66 =$ □□□□

$333 \times 999 + 666 =$ □□□□□□

$3333 \times 9999 + 6666 =$ □□□□□□□□

2

$1 \times 8 + 1 =$ □

$12 \times 8 + 2 =$ □□

$123 \times 8 + 3 =$ □□□

$1234 \times 8 + 4 =$ □□□□

$12345 \times 8 + 5 =$ □□□□□

$123456 \times 8 + 6 =$ □□□□□□

$1234567 \times 8 + 7 =$ □□□□□□□

$12345678 \times 8 + 8 =$ □□□□□□□□

$123456789 \times 8 + 9 =$ □□□□□□□□□

上の方から答えを
求めていくうちに、
答えに特徴があることが
わかっていくよ！
3
1×1＝
11×11＝
111×111＝
1111×1111＝
11111×11111＝
111111×111111＝
1111111×1111111＝
11111111×11111111＝
111111111×111111111＝
4
1×9＋1×2＝
12×18＋2×3＝
123×27＋3×4＝
1234×36＋4×5＝
12345×45＋5×6＝
123456×54＋6×7＝
1234567×63＋7×8＝
12345678×72＋8×9＝
123456789×81＋9×10＝

122～123ページの答え

次の問題を解こう！

1 　8枚のコインがある。このうち、1枚だけほかのコインより重さが軽いんだ。

　というわけで、天びんで重さを量って軽いコインを見つけたい。でも、天びんは2回しか使えない。

　きみは、軽いコインを見つけられるかな？

2 　3つのふくろの中には、それぞれコインがいっぱい入っている。このうちのふたつのふくろには、1枚100gのコインが、もう1ふくろには1枚99gのコインが入っているんだ。

　さて、1g単位まで量ることができるはかりを使って、軽いコインが入ったふくろを見つけたい。でも、はかりは1回しか使ってはいけない。きみはどのふくろに1枚99gのコインが入っているか、見つけられるかな？

125ページの答え

1 8枚のコインのうち、天びんの左右に3枚ずつのせる。天びんが釣り合えば、残り2枚のどちらかが軽いコインなので、それぞれを天びんの左右にのせればわかるよね。

また、天びんの左右に3枚ずつのせたとき、どちらかが軽ければ、そちらの天びんにのせた3枚の中に、軽いコインが混ざっていることがわかる。そこで、その3枚のうち2枚を天びんの左右にのせて量る。天びんが釣り合えば、のせなかった1枚が軽いコイン。天びんが釣り合わないときは、軽い方が当然、軽いコインだ。

2 3つのふくろにA、B、Cと名前をつけ、Aから1枚、Bから2枚、Cから3枚、コインを取り出す。

この取り出した6枚のコインをすべてはかりにのせるんだ。コインが1枚100gなら6枚は600g、このとき、599g（1g軽い）ならAのふくろに99gのコイン。598g（2g軽い）ならBのふくろに99gのコイン、597g（3g軽い）ならCのふくろに99gのコインが入っていることがわかる。

マッチ棒を動かして解こう！

マッチ棒でできた図形がある。
決められた本数だけマッチ棒を動かして、
答えに合うように図形を変化させよう。

1　下の「家」は、マッチ棒10本でできているね。このマッチ棒のうち、2本を動かして、「家」の向きを変えてほしい。

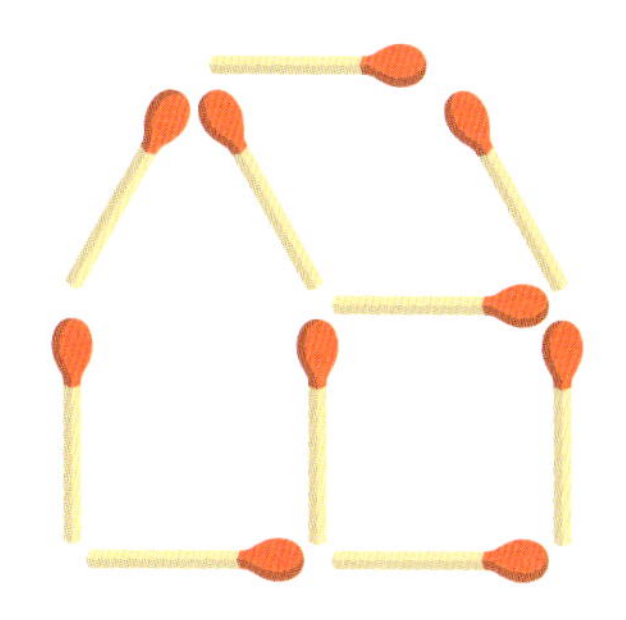

2　下の「魚」は、マッチ棒8本でできているね。このマッチ棒のうち、2本を動かして、「魚」の向きを変えてほしい。

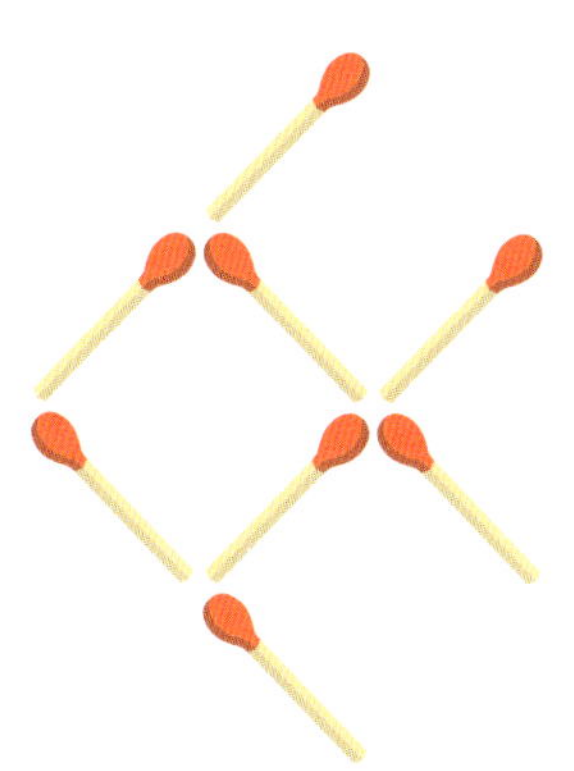

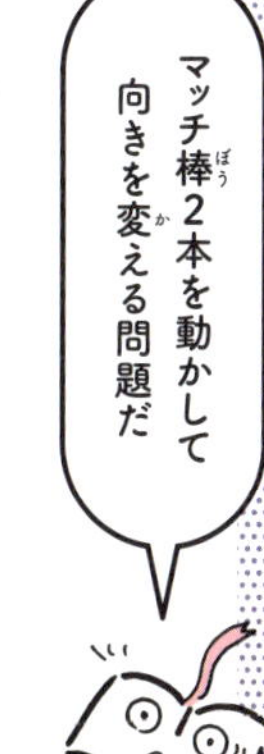

127ページの答え

1 次のように動かせば向きが変わるよ！

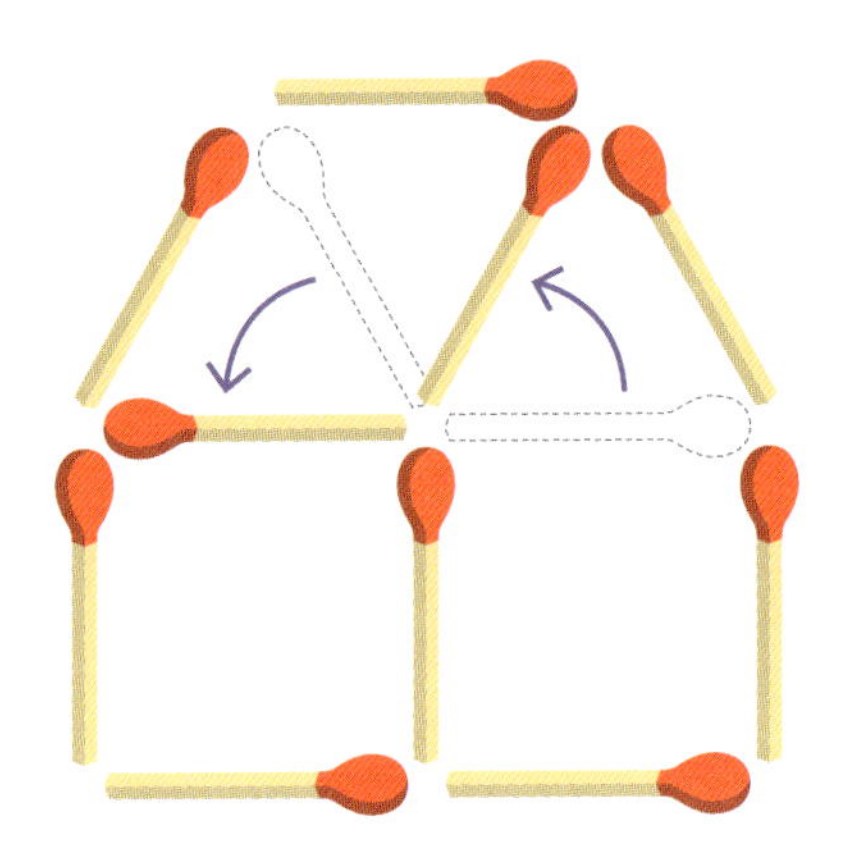

2 次のように動かせば向きが変わるよ！

次の問題を解こう！

1 15kmの道のりを往復する。このとき、往路は元気いっぱいだったので時速５kmで歩いた。復路はつかれもあったので、ちょっと速度が落ちて時速3kmで歩いた。往復の平均時速は何kmかな？

2 コインを2枚投げたとき、どちらも裏が出る割合はどれくらいかな？

129ページの答え

1　この問題、まちがいやすい答えとして、平均時速は４㎞なんて答えちゃう人がいるかもしれない。往路5㎞、復路３㎞だから５＋３を、平均するのだから÷２で、４㎞という計算。

　でも、正しくは、往路は15㎞÷５＝３時間、復路は15㎞÷３＝５時間。この平均時速は、往復の距離を往路と復路の合計時間でわるので、30㎞÷８時間＝3.75㎞となるよ。

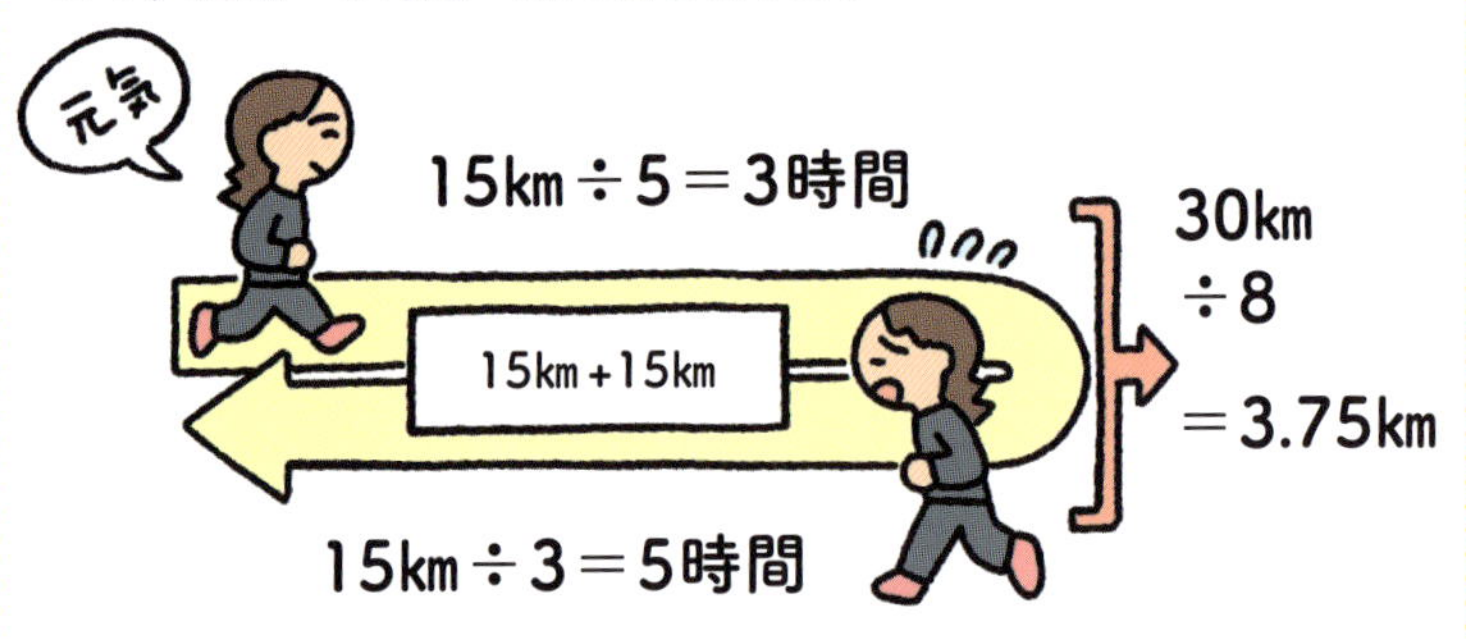

2　コインを投げたときの組み合わせとしては、「表と表」「裏と裏」「表と裏」の３パターンがあるよね。そうすると、どちらも裏が出るのは、３分の１の割合……じゃないんだ。

　じつは2枚なのだから、組み合わせには「表と表」「裏と裏」「表と裏」のほかに「裏と表」もあるでしょ。つまり４パターンで、そのうち「裏と裏」なのだから、割合は４分の１だ。

マッチ棒を動かして解こう！

マッチ棒でできた図形がある。
決められた本数だけマッチ棒を動かして、
答えに合うように図形を変化させよう。

1 下は、マッチ棒で作った７個の正方形だ。このうちマッチ棒３本を動かして、正方形を５個にしよう。

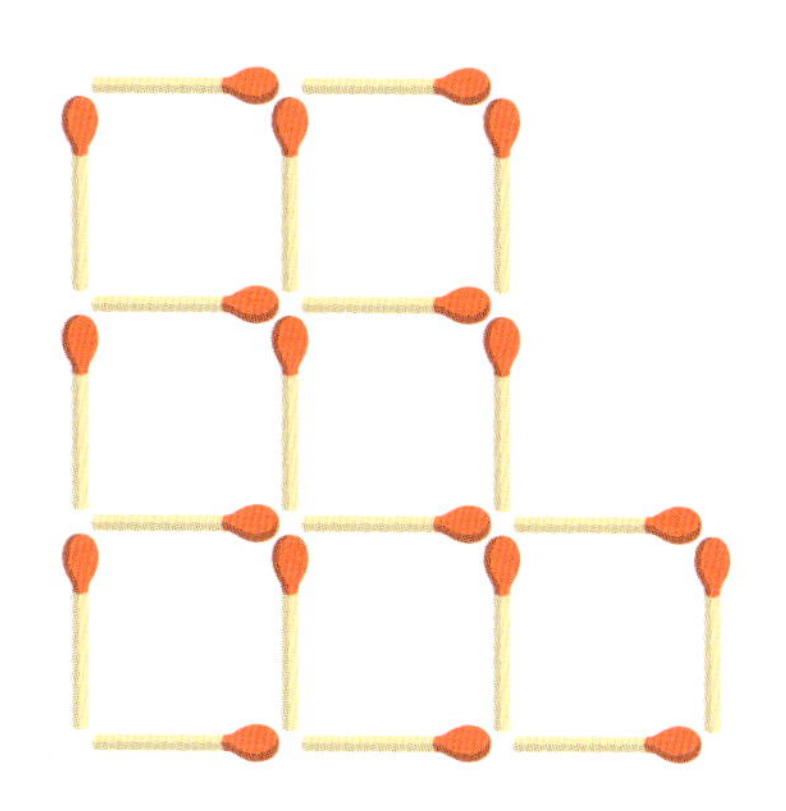

2 下は、マッチ棒で作った５個の正方形だ。このうちマッチ棒２本を動かして、正方形を４個にしよう。

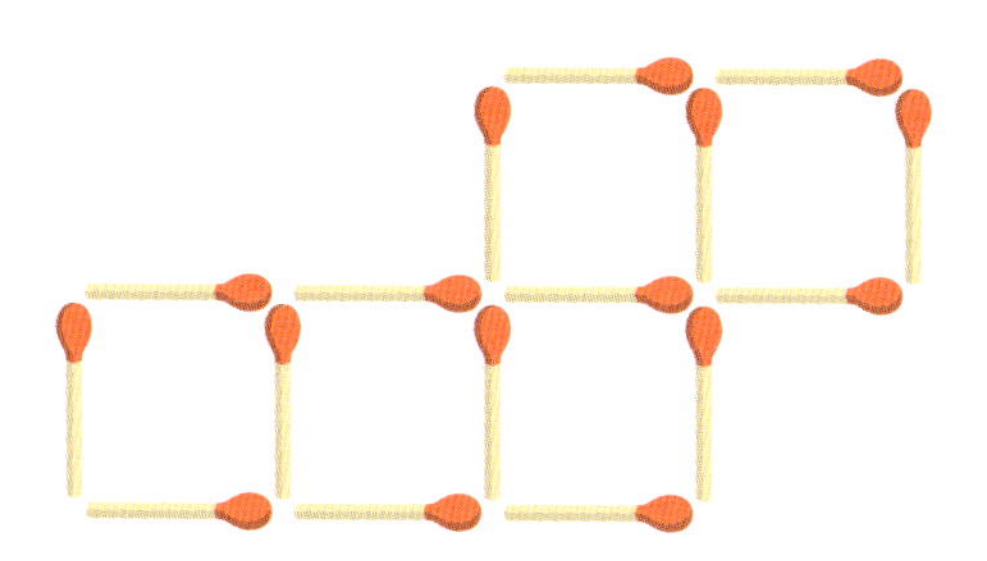

131ページの答え

① 次のように動かせば5個になるよ！

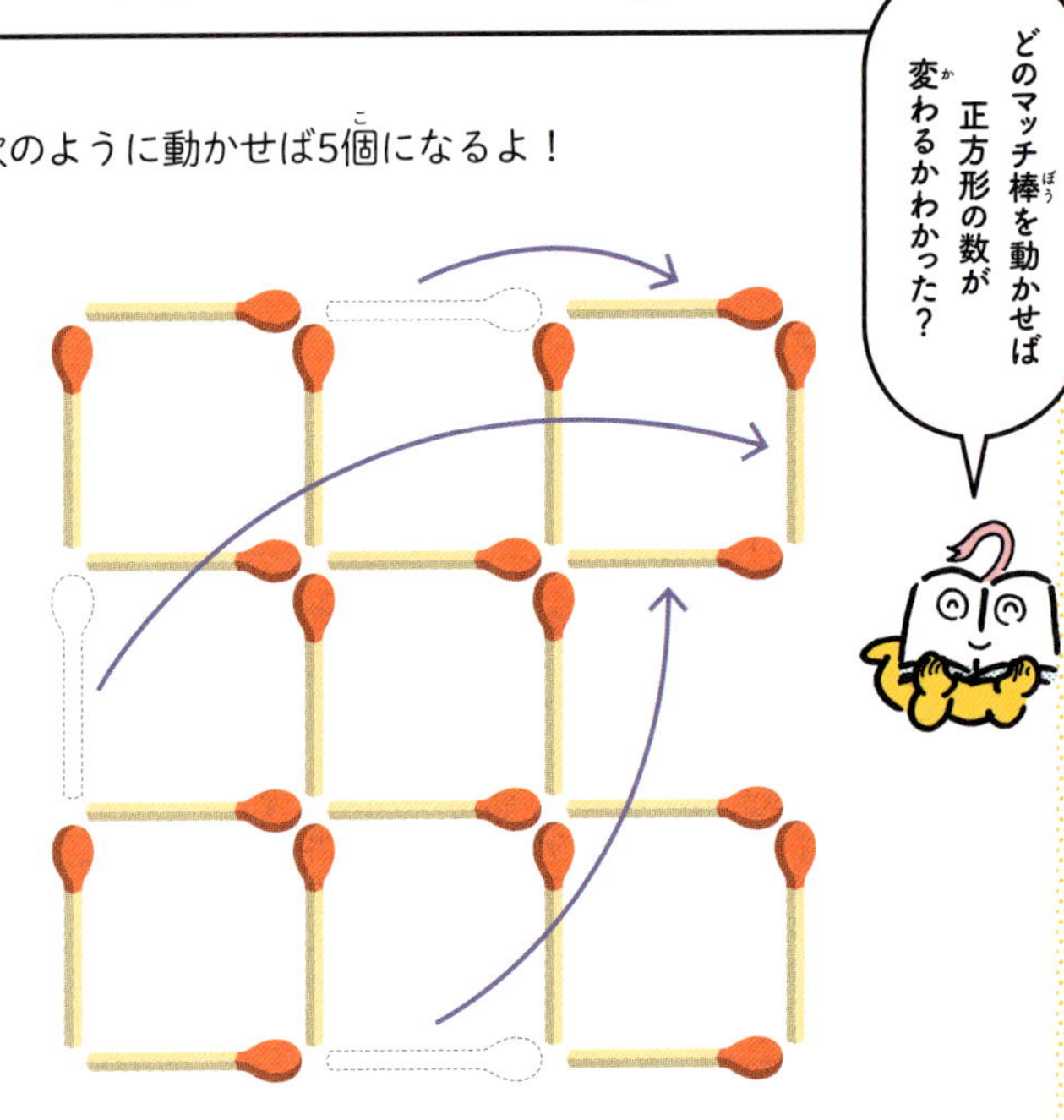

② 次のように動かせば4個になるよ！

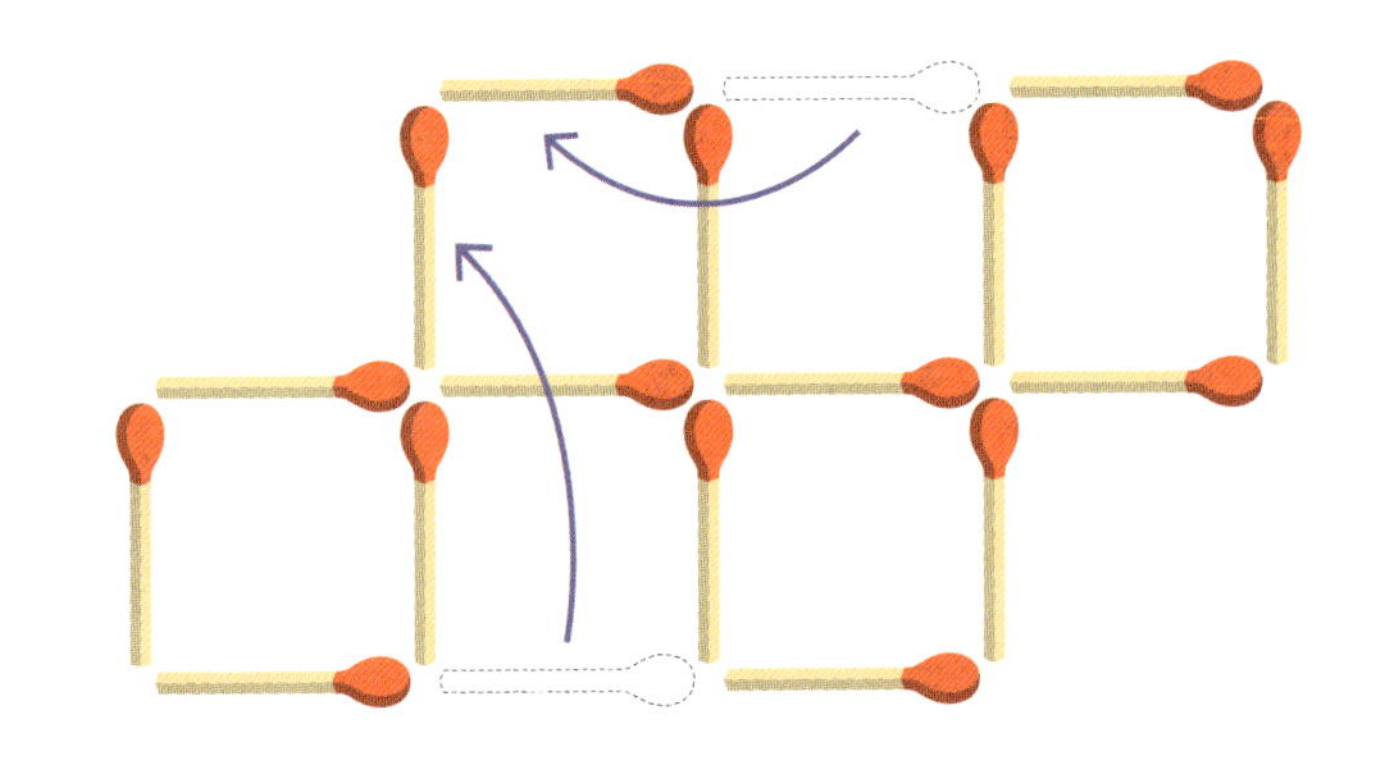

次の問題を解こう！

1 ナマケモノが深さ15mのあなに落ちてしまったんだ。このナマケモノ、１時間に３m登れるんだけど、その後に２mずり落ちてしまう。

さて、ナマケモノがあなからぬけ出すには、何時間かかるかな？

2 ラーメン屋さんに、行列ができている。大塚君はその列の前から４番目に並んでいる。森田さんは前から11番目に並んでいる。大塚君と森田さんの間には、何人いるかな？

どちらの問題も、ちょっと落ち着いて考えればわかるよ

133ページの答え

1 ナマケモノは１時間で３m登れて２m落ちるのだから、１時間に１m登れる計算になるね。だから、15mのあなをぬけ出せるのは、１×15＝15時間後と思えるかもしれない。

でも、12時間後には12mまで登っているのだから、そのあとの１時間で３m登れば、あなをぬけ出すことはできちゃうんだ。だから答えは13時間

2 大塚君が４番目、森田さんが11番目だから、出てきた「４」と「11」の数字をただひき算すれば、11－４で7、つまり７人と思えるかもしれない。

ところが、ふたりの間の人数は、ひき算より１少ない。というわけで、７－１＝６、つまり６人だ。図にかいてみるとわかりやすいよ。

マッチ棒を動かして解こう！

マッチ棒でできた計算式がある。
それぞれ、マッチ棒を決められた本数だけ動かして、
式が正しくなるようにしよう。

1 動かすマッチ棒は1本だ。

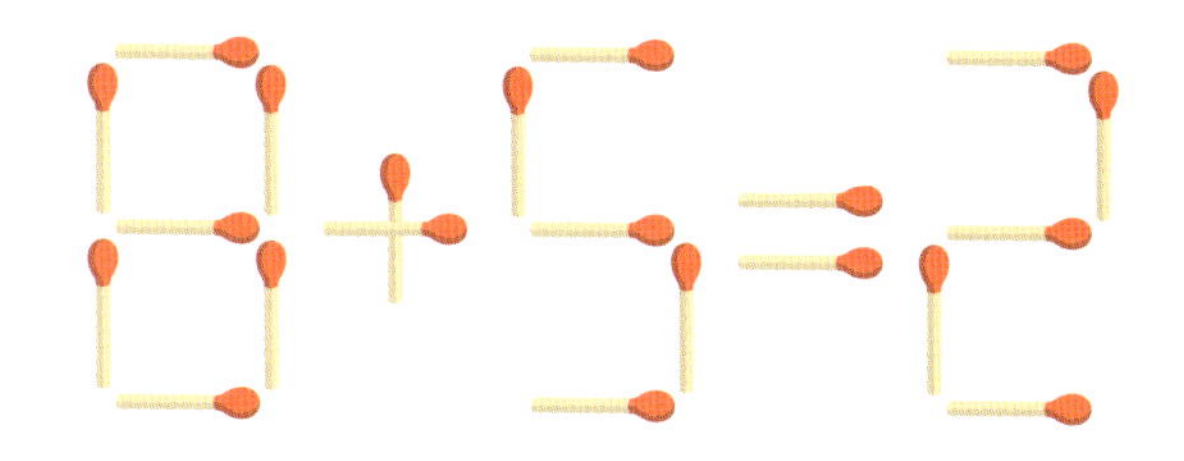

2 動かすマッチ棒は1本だ。

3 動かすマッチ棒は2本だ。

動かすマッチ棒は
数字に使っているものとは
限らないぞ

135ページの答え

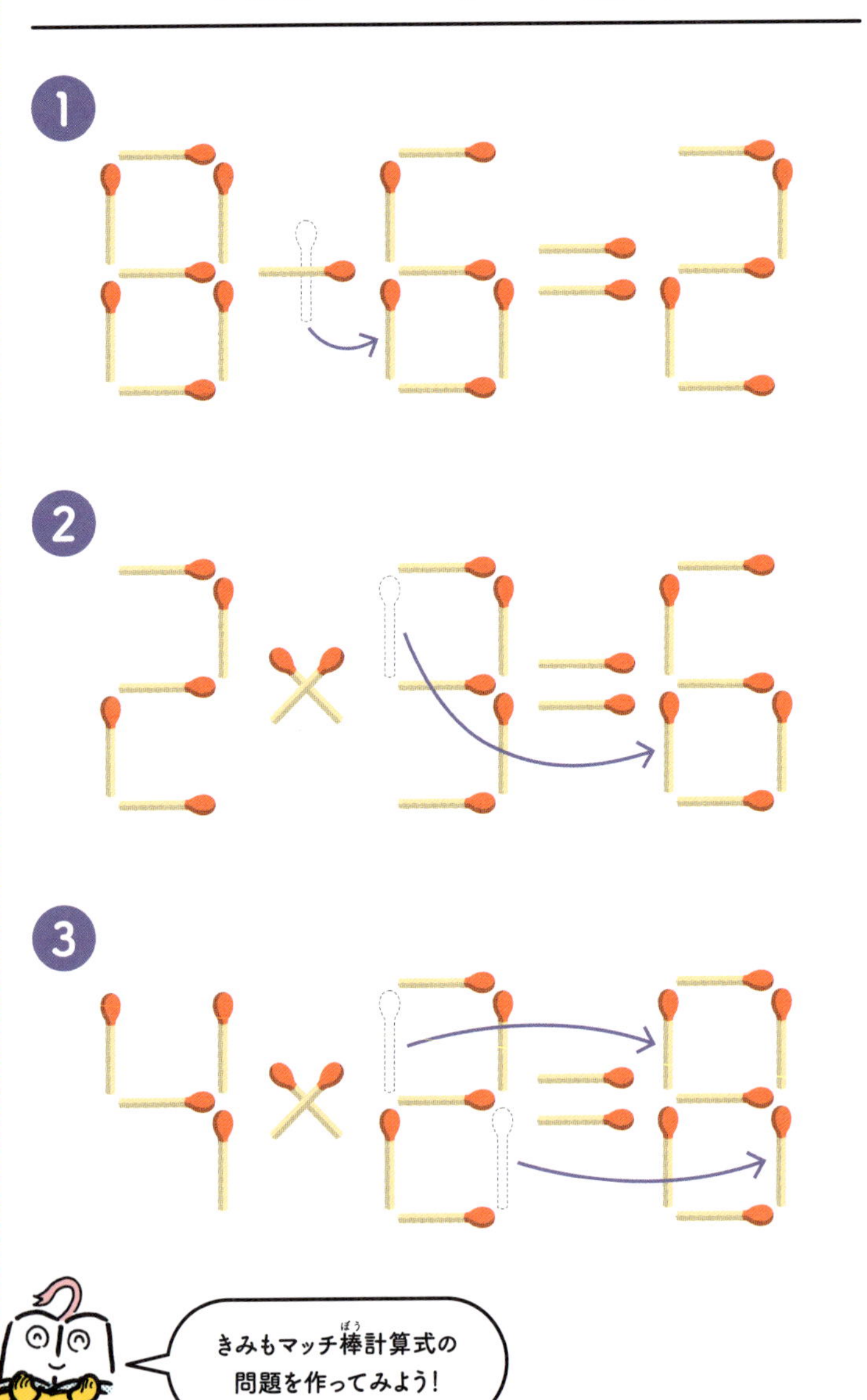

次の問題を解こう！

1　そろり君は、お父さんに20日の間、おこづかいをもらう交渉をした。ただしルールがあって、1日目は1円、2日目は2円、3日目は4円……と、もらえるお金は毎日2倍ずつふえる。お父さんも「それならたいした金額にはならないだろう」とOKしたんだけど……さて、20日間でそろり君がもらえるお金の合計はいくら？

2　1月にネズミのオスとメスが、オスメス6匹ずつ合計12匹の子を生む。2月には、その親ネズミと子ネズミのメスが、さらにオスメス6匹ずつ合計12匹の子を生む。これが同じように続くと、12月にはネズミは何匹になっているかな？

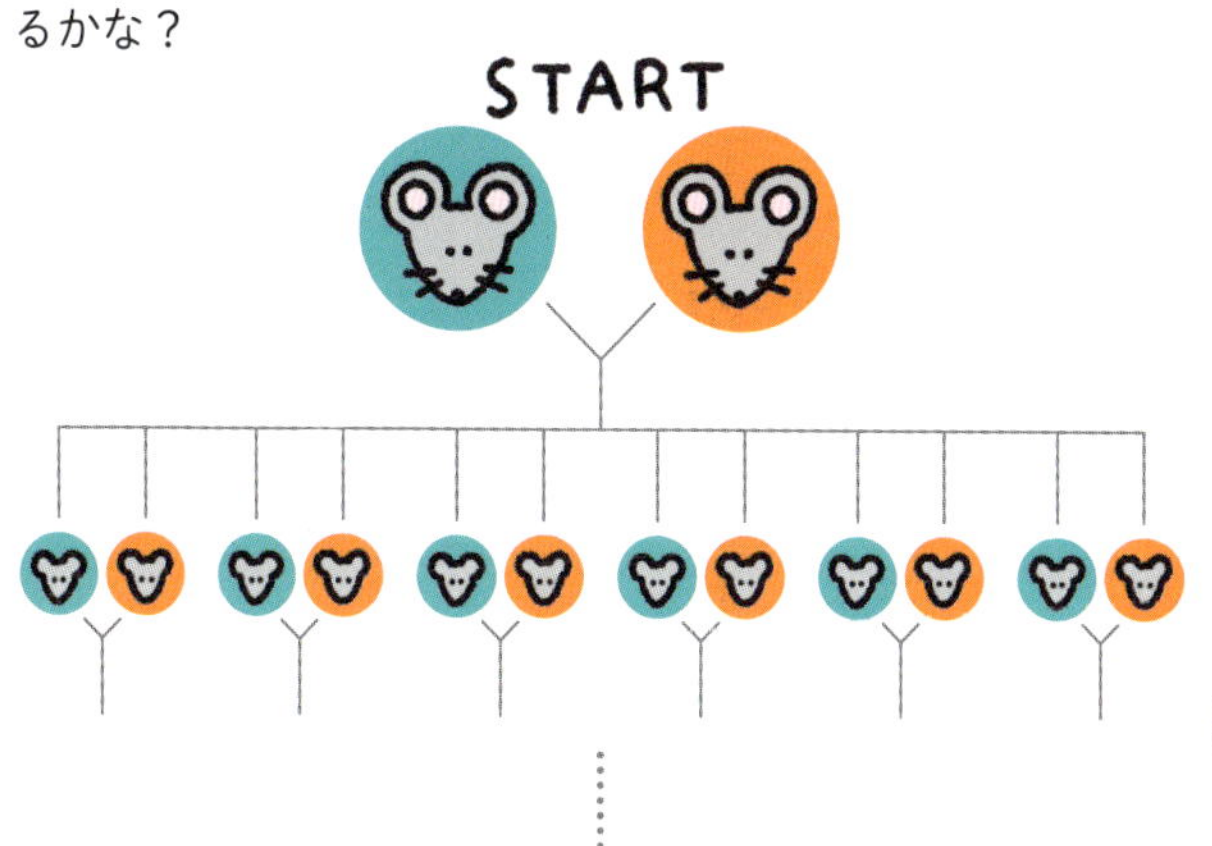

どちらの問題も、すごい数になっていく

137ページの答え

1 20ページの新聞紙を折る話にもあったように、わずかな数でも倍々にしていくと、とほうもない数になる。

この問題の場合は、4日目は8円、5日目は16円もらえるわけだけど、どんどん倍になっているよね。これ、10日目は512円、15日目には16384円、20日目には524288円になっている。1日目からの金額を合計すると、104万8575円ももらえることになるぞ！

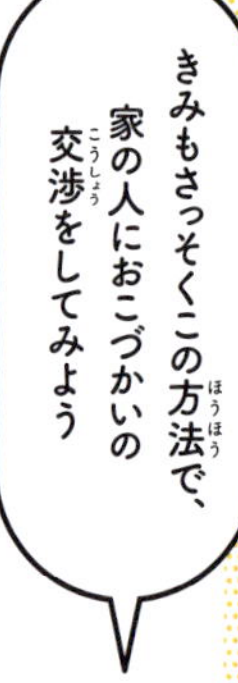

2 ネズミが12月の時点でどれくらい増えているかだけど、1月に14匹、2月に98匹になるので、最初の「2匹」を7倍して増えることになる。これをくり返していくと、下の表の通りだ。

つまり、12月には、なんとなんと、276億8257万4402（2×7×7×7×7×7×7×7×7×7×7×7×7）匹になっちゃうんだ。

時間(月)	ネズミの数(匹)	時間(月)	ネズミの数(匹)
1月	14	7月	1,647,086
2月	98	8月	11,529,602
3月	686	9月	80,707,214
4月	4,802	10月	564,950,498
5月	33,614	11月	3,954,653,486
6月	235,298	12月	27,682,574,402

（各月の間に「×7」）

次の正方形の問題を解こう！

1 　下の３つの正方形は、それぞれ中が白と黒にぬり分けられている。
さて、白と黒の面積がちがう正方形はＡ～Ｃのどれだろう？

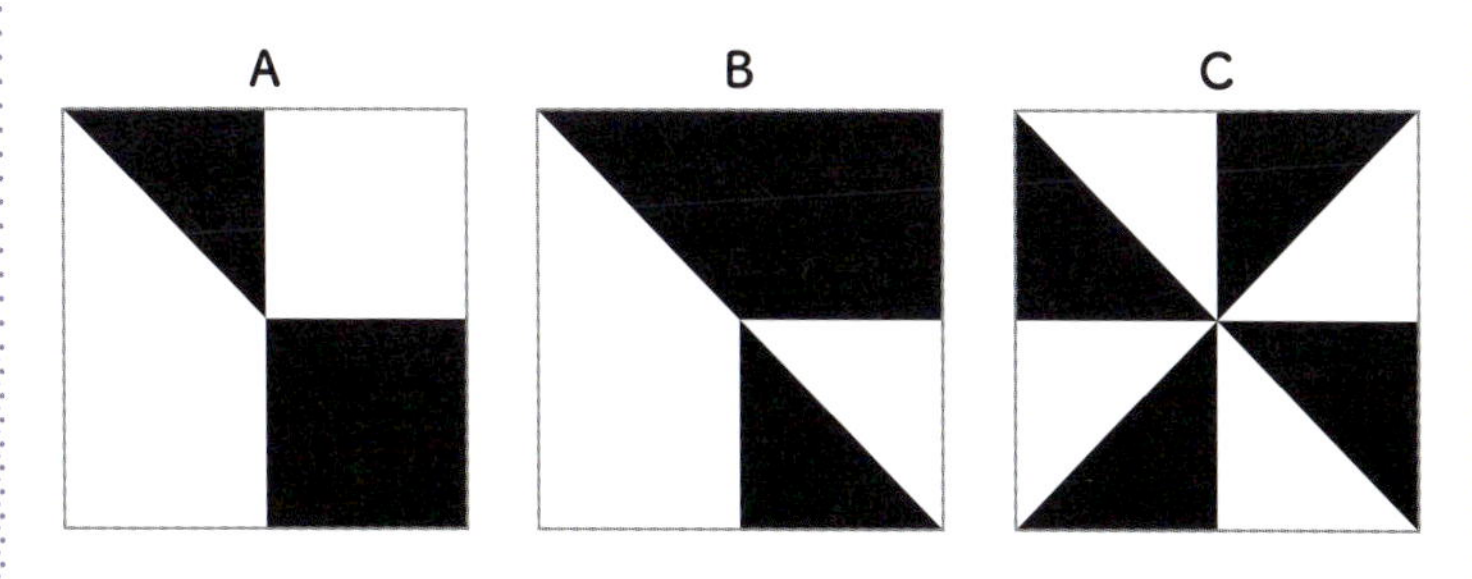

2 　縦４つ横４つの点が並んでいる。これらの点を線で結んで、正方形はいくつ作ることができるかな？

139ページの答え

1 わかりやすくするために、正方形を縦、横に半分ずつと、斜めに半分ずつ区切る直線を引いてみよう。すると、BとCは黒い部分がそれぞれ8個に分けたうちの4個、つまり8分の4。でも、Aの黒い部分は8個に分けたうちの3個だから、8分の3だとわかる。答えはAだ。

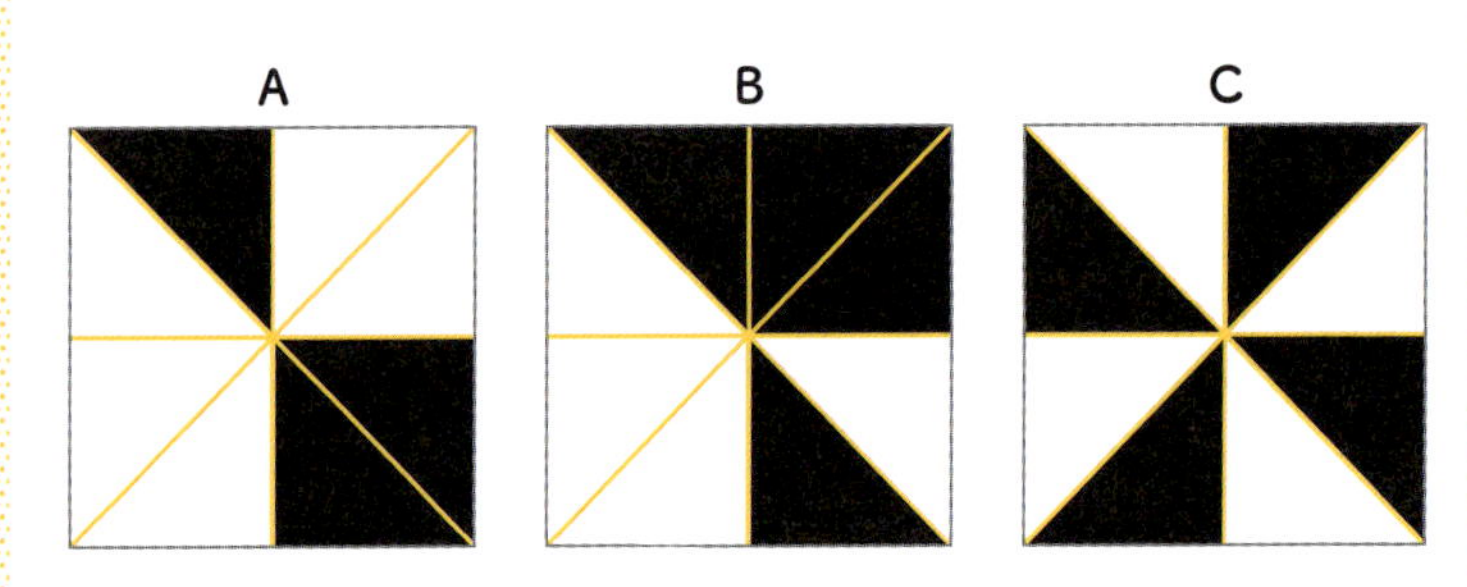

2 正方形がいくつあるのか、辺の長さごとに考えてみよう。

まず、周りの点を線でつないでできる、点と点の間3つ分の大きな正方形がひとつ（A）。点と点の間ふたつ分の中くらいの正方形が4つ（B）。点と点の間ひとつ分の小さな正方形が9つ（C）。さらに、斜めに点を4つつないだ正方形がふたつ（D）と、斜めに点と点の間ひとつ分の正方形が4つ（E）もできるね。

つまり合計20個の正方形ができるってわけ。

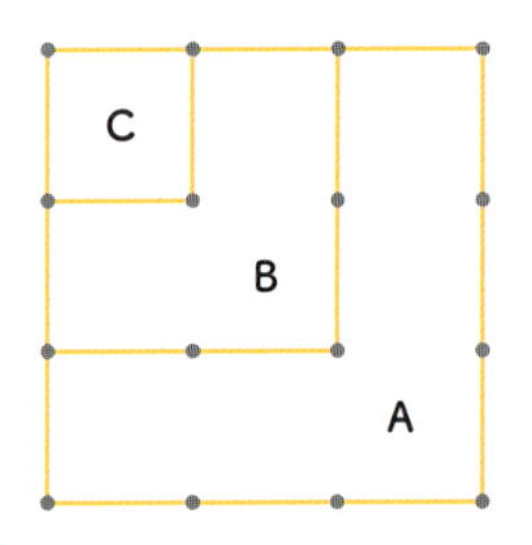

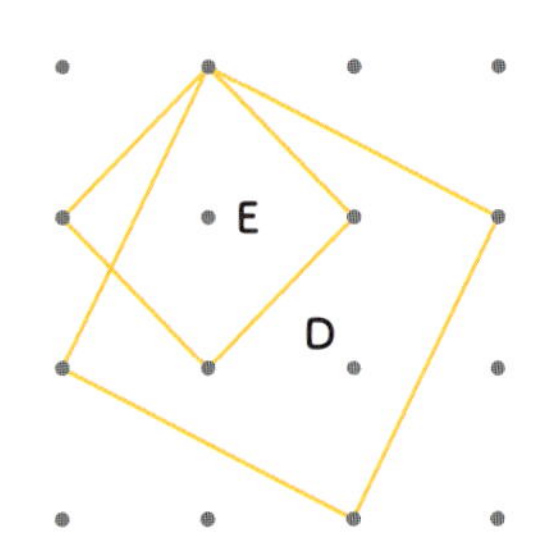

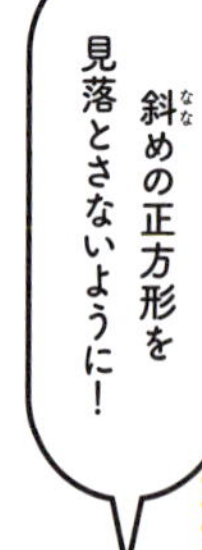

次の□に入る数字をうめよう！

1 　1～9のうち、同じ数を使わないで、縦(たて)に足しても、横に足しても、斜(なな)めに足しても同じ数になるように、□に数をうめよう！

2 　1～9のうち、同じ数を使わないで、それぞれの三角形の頂点(ちょうてん)にある3つの数を足した答えが同じになるよう、□に数をうめよう！

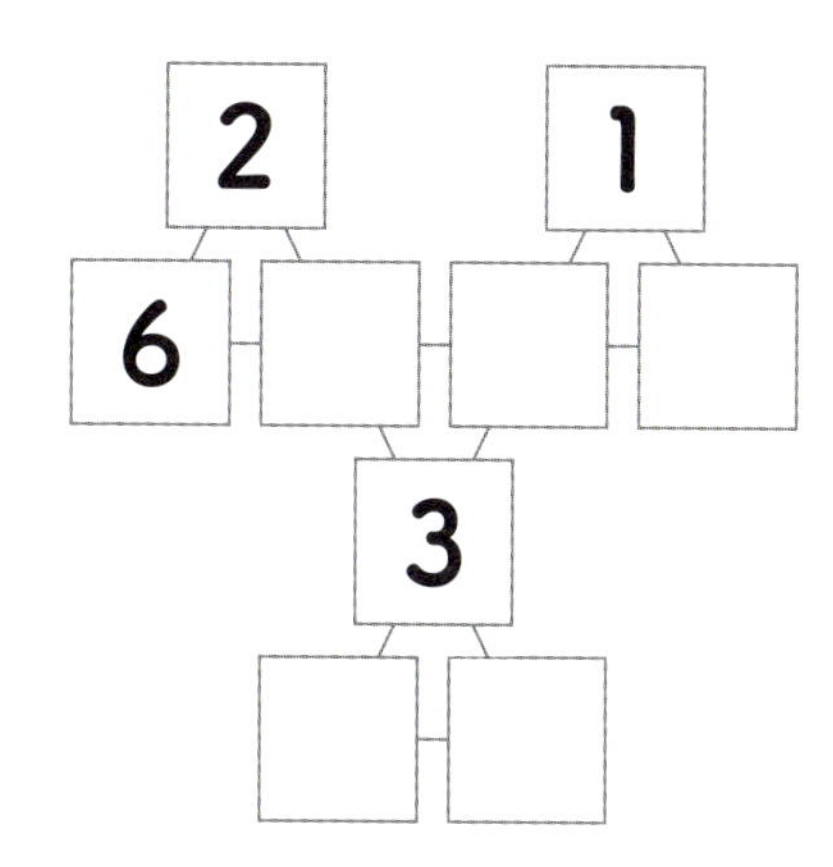

141ページの答え

1 □に入る数は次のように考える。9つの数は1～9と決まっているので、1＋2＋3＋4＋5＋6＋7＋8＋9＝45。また、縦横斜めいずれも3段ずつあるので、1段につき45÷3＝15。つまり、各段の合計が15になるように数を入れていけばいい。（解答は一例）

2 上の問題と同じように、各三角形の頂点を足した数が15になるように、組み合わせを考えればいいんだ。（解答は一例）

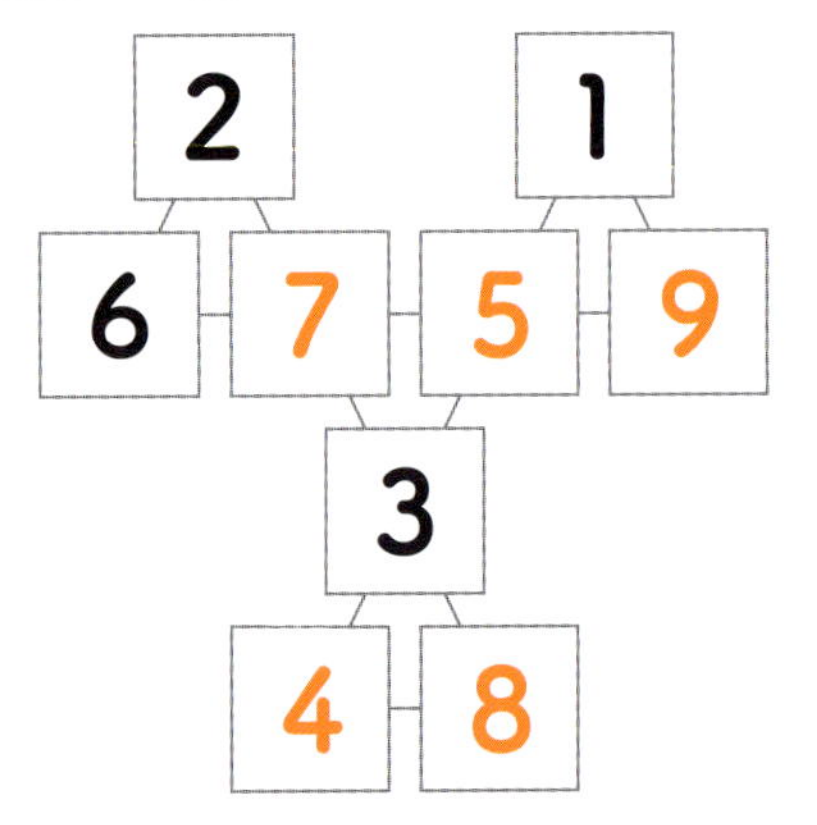

参考文献

●『知識の王様　算数　ボク&わたし　知ってるつもり?』(田中つとむ　雅麗・文／ポプラ社・刊)
●『検定クイズ100 算数パズル』(検定クイズ研究会・編／仲田紀夫・監修／ポプラ社・刊)
●『算数おもしろ大事典IQ　増補改訂版』(秋山久義　清水龍之介　高木茂男　坪田耕三　石原淳・監修／Gakken・刊)
●『なぜ?　どうして?　算数のお話』(田中博史・監修／Gakken・刊)
●『算数がたのしくなるおはなし』(桜井進・著／PHP研究所・刊)
●『数と図形の発明発見物語』(板倉聖宣・編／国土社・刊)
●『笑う数学』(日本お笑い数学協会・著／KADOKAWA・刊)
●『算数パズル事典』(上野富美夫・編／東京堂出版・刊)
●『はまると深い!　数学クイズ』(横山明日希・著／講談社・刊)
●『読み出したら止まらない!　文系もハマる数学』(横山明日希・著／青春出版社・刊)
●『面白くてやみつきになる!　文系も超ハマる数学』(横山明日希・著／青春出版社・刊)
●『あした話したくなる　やさしい　たのしい　数のひみつ』(横山明日希・監修／朝日新聞出版・刊)
●『あした話したくなる　ふしぎすぎる数の世界』(横山明日希・監修／朝日新聞出版・刊)
●『とてつもない数学』(永野裕之・著／ダイヤモンド社・刊)
●『はかりきれない世界の単位』(米澤敬・著／日下明・イラスト／創元社・刊)
●『世界一トホホな算数事典』(細水保宏・監修／西東社・刊)
●『知れば知るほど好きになる　算数のひみつ』(細水保宏・監修／高橋書店・刊)

監修／**為田裕行**　ためだ ひろゆき

1975年生まれ。フューチャーインスティテュート株式会社 代表取締役。慶應義塾大学総合政策学部卒業後、大手学習塾企業へ就職。一斉指導、個別指導、合宿教育などの現場で鍛えられ、1999年フューチャーインスティテュートの設立に参画。ポプラ社のドリル「ぜんぶできちゃうシリーズ」「1分集中! ほめるドリルシリーズ」で監修を務める。主な著書に『学校のデジタル化は何のため?』(2022年 さくら社)、『一人1台のルール』(2021年 さくら社)など。

ムズい!! ハマる!!

算数びっくり事典

発行　2024年12月　第1刷

文　こざきゆう
絵　間芝勇輔
発行者　加藤裕樹
編集　大塚訓章
発行所　株式会社ポプラ社
〒141-8210
東京都品川区西五反田3-5-8
JR目黒MARCビル12階
ホームページ www.poplar.co.jp
印刷・製本　中央精版印刷株式会社
デザイン　尾崎行欧　宗藤朱音　炭谷 倫
（尾崎行欧デザイン事務所）

ISBN978-4-591-18400-4　N.D.C.410　143p　19cm　Printed in Japan

P6047004